大是文化

リノベとリフォームの知りたかったこと！100の疑問に答えます。

裝修與翻修最煩惱的94問

70% 的人都曾動過裝修念頭，卻卡在預算、施工品質而作罷，本書讓你不只是再想想。

日本實用書首席品牌
主婦之友社——編集
黃筱涵——譯

CONTENTS

第10章 廚衛舒服了，全家都有感

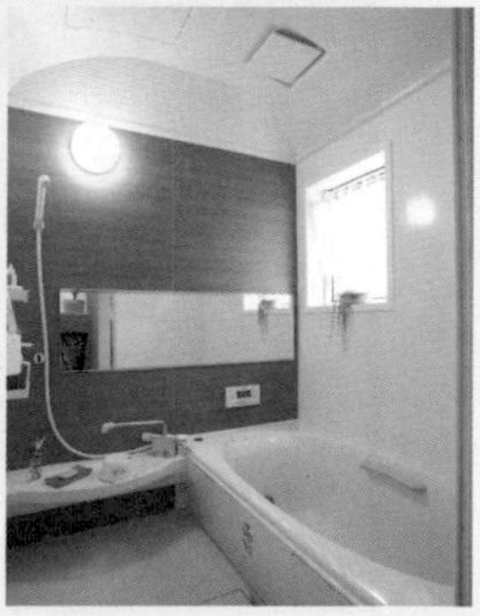

第13章 建材，會改變氛圍——249

PART 2 成功實例分享——303

PART 3 後悔、爭執、妥協，都是必經過程——347

【推薦序】

讓你更懂怎麼與師傅溝通

看屋達人／羅右宸

我進入活化資產（按：規畫評估客戶持有多年之土地、建物等，以出租、標售地上權、自行規畫開發、聯合開發、都更等方式，來增加其收益）、老屋裝修這個行業超過十年，裝潢翻新的案場超過三百戶，深深了解裝修有很多細節必須注意。

臺灣屬於海島型國家，地震多、溼氣重，導致許多建築物因自然產生損傷，有危險疑慮。根據內政部不動產資訊平台統計，臺灣有將近四百五十萬棟屋齡超過三十年的老房。大齡老屋潛藏居住安全隱憂，該怎麼改裝才能住得安穩、舒適？

這些問題都能從《裝修與翻修最煩惱的九十四問》得到答案。

室內裝潢與房屋的主結構、格局形狀息息相關，是一個需要大量專業與經驗堆疊的新領域，外行很難得知其中的眉角細項。

為什麼我會說這是個新領域？

因為材料、工法、科技能組合成各種不同的元素，光是材料就有成千上萬種，每個工項的工法也因師傅的施工細節度，而有差異。

而裝修最難的地方，就在於每個房屋案場都是獨一無二，隨著屋況及環境不同，存在各種可能難以解決的問題，或必須克服的挑戰，這就需要專業人員的智慧來處理。

《裝修與翻修最煩惱的九十四問》不是要你學會所有跟翻修有關的技能，而是幫你培養出能與師傅溝通、知道自己適合什麼住宅的大腦。懂得自己想要居住的生活與基本的裝修專業知識後，才能在預算內，住進理想中的住宅。

本文作者畢業於元智大學國際企業管理學系。

在學期間，發現自己對房地產有著極高的熱忱，進而悉心鑽研。看過上千筆房地產物件，接觸五百多位房仲代銷業者，更創下二十二歲，同時有二十二間房收租的驚人紀錄。

成立How Life好生活新創公司，以解決租賃市場中，房東與租客資訊不透明的問題，讓年輕人能租到性價比高的租房為核心目標。同時幫房東打理老屋、空屋，創造新價值，當作活化市場，提高房屋價值的方式。

著有《我二十五歲，有三十間房收租》、《選房、殺價、裝修，羅右宸（全圖解）幫你挑出增值屋》、《羅右宸看屋學》（皆為大是文化出版）。

買房達人羅右宸臉書　HowLife 好生活臉書

PART 1

裝修與翻修，最煩惱的事

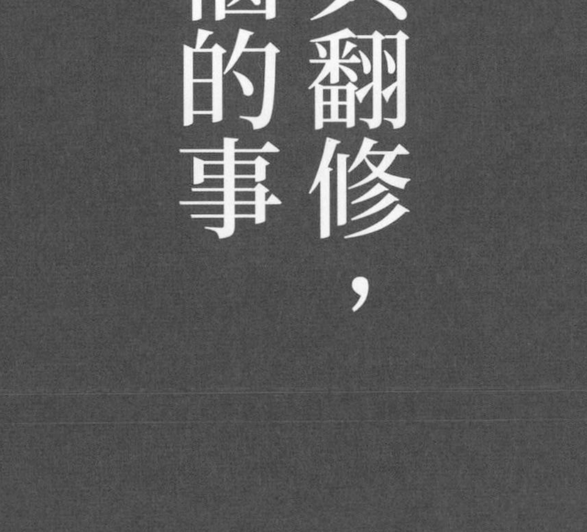

CASE 旁的圖示 代表獨棟， 則指公寓大樓。

第 1 章

該準備多少錢？

1 七○%的人都動過裝修念頭

你平常會關注跟裝修或翻修有關的資訊嗎？若要翻修房子，你打算從哪個部分開始？如第十八頁至二十一頁所示，透過主婦之友社的問卷調查，我們可以看見實際情況。

Q 平常是否關注裝修或翻修相關資訊？

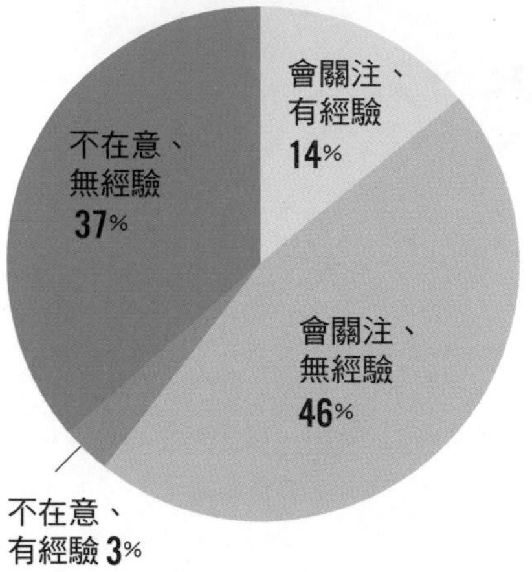

▲從上圖可知，有 60% 的人會關注這類消息。

Q 現在住的是？

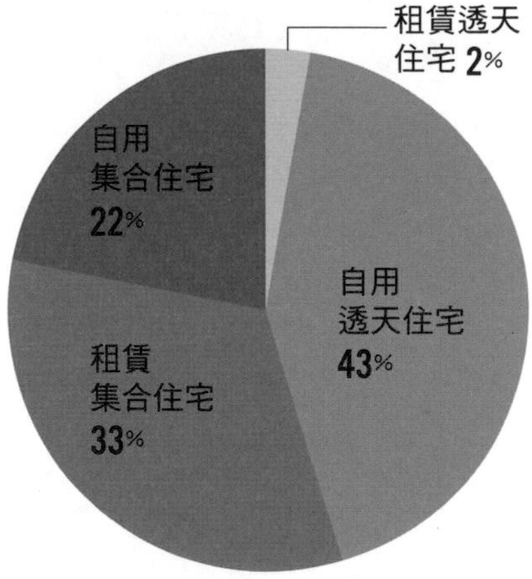

▲調查對象中，現居透天住宅者與現居集合住宅者數量幾乎相同，但集合住宅者對裝修、翻修的關注程度較高。

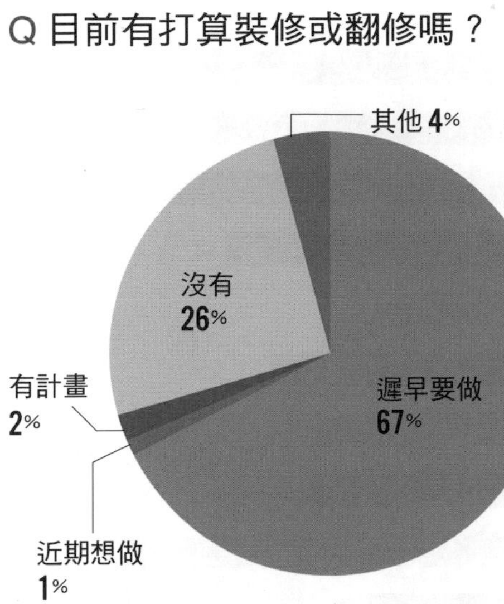

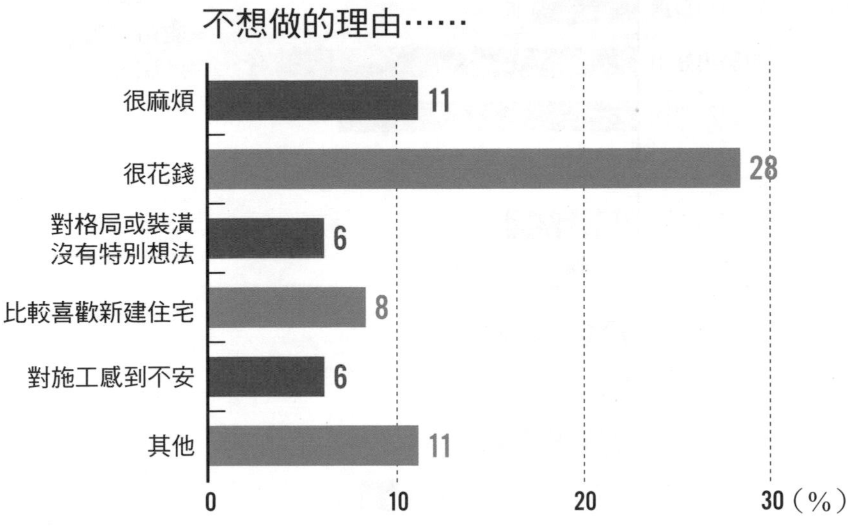

▲約 70% 人有考慮。完全不想的不到 30%，
最大原因是資金問題。

Q 最想改善的空間

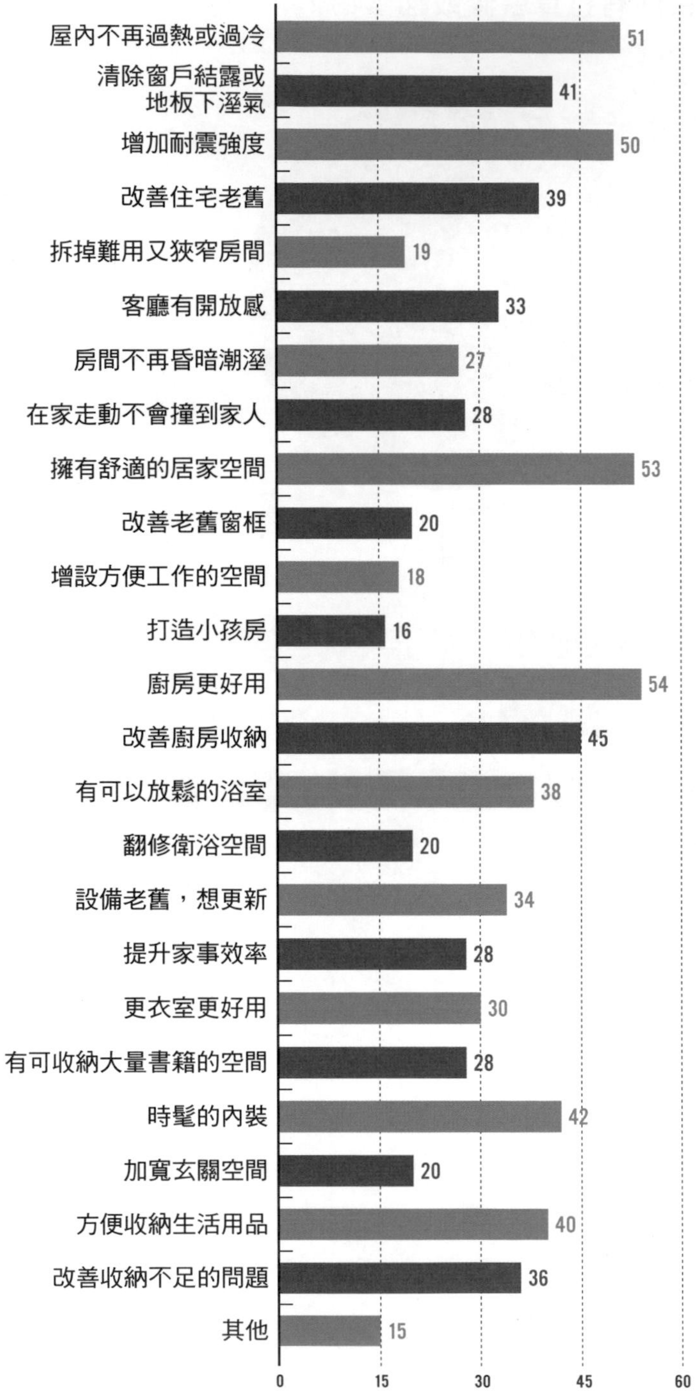

◀最多人希望廚房變得更好用，其次是居家舒適度。也有人想改善溫度、結露與潮溼問題。還有一大需求是增加耐震強度，從左圖也可看出，人們重視收納與裝潢。

（按：結露是指物體表面溫度低於空氣露點溫度時，出現冷凝水現象。當建築物吸收水分之後，容易角落發霉、壁面掉漆。）

問問有經驗的人！

裝修或翻修的物件是？

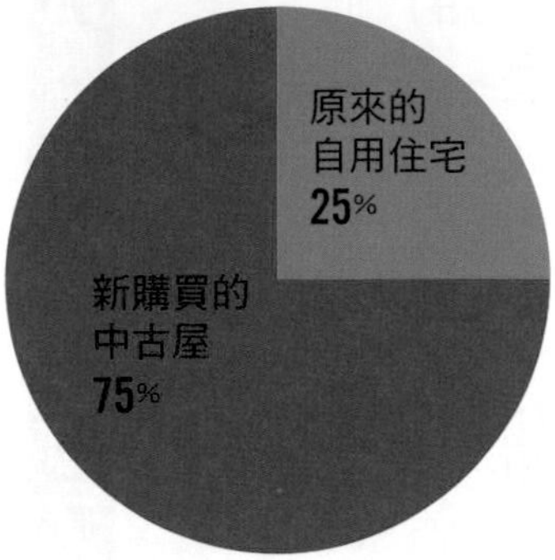

做了什麼改變？

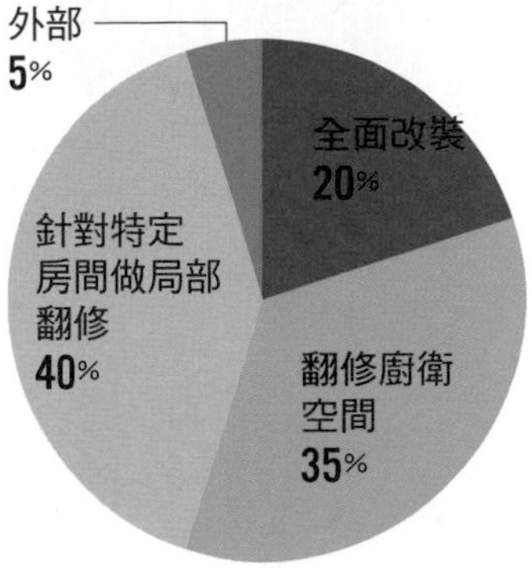

花了多少錢？

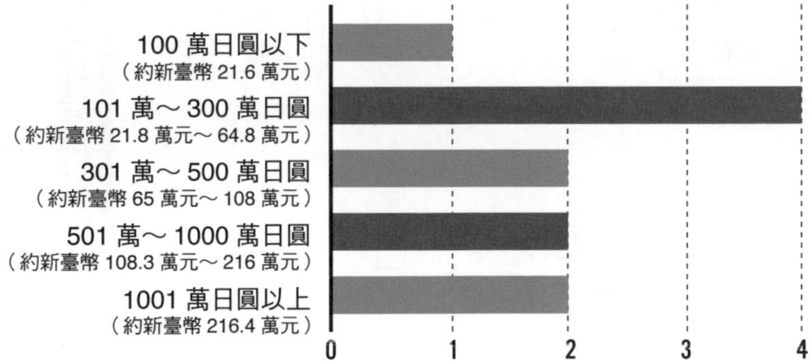

本次調查中，有裝修或翻修的經驗者不到 20%，買中古屋來裝修的人，比翻修目前的自用住宅還要多。全面改裝約 20%，花不到 500 萬日圓、針對廚衛空間等局部翻修者占大多數。

〔問卷 DATA〕
對象：@ 主婦之友（https://shufunotomo.co.jp/member/）會員
期間：2022 年 6 月 9 日至 2022 年 6 月 14 日
回答：233 件
地區：全日本
年齡層：10 ～ 80 歲

2 預算有限，哪些地方優先處理？

耐震性、隔熱性等與住宅基本性能有關的部分，絕對不能省。

翻修時，尤其是眼睛看不到的硬體，更應投入適當的成本。舉例來說，增強隔熱性有助於提升冷暖氣的效率，不僅住起來舒服，還能省電。因此買中古屋前，若能先找好翻修業者，並在選擇物件時多商量、討論，會比較理想。

預算有限時，必須排列翻修順序。這時應先思考最想調整的地方，像是格局不便、設備老舊、內裝損傷等。此外，只要廚房與浴室改善了，舒適度會明顯提升，所以在計畫時，不妨優先處理這些區域。

[聰明的分配預算]

這些地方不能省

- ▶ 提升隔熱性與耐震度等基本性能。
- ▶ 安全性與舒適性。
- ▶ 老舊廚衛設備更換。

VS.

可從細節省錢

- ▶ 選擇價格親民的裝潢材料。
- ▶ 選擇功能較少的舊款設備。
- ▶ 放棄小孩房的隔間。
- ▶ 省略收納的櫃門等。

3 裝修一定會超支，口袋要夠深

有清運費用、處理費用、暫住屋的租金等，施工以外的費用建議設定為施工與材料費的一〇%。

翻修時，有拆除內裝或設備後的清運費用、鋪設防塵布等的保護工程費用。而施工過程中的廢棄材料屬於事業廢棄物，因此會伴隨著昂貴的處理費。此外，拆除後可能會發現構造內部劣化，必須增加補修工程。為了應付這些臨時增加的開銷，準備充裕資金會比較安心（其餘花費見下頁表）。

若要邊住邊翻修廚衛空間，有時可能需要花約五萬日圓（按：以臺灣銀行二〇二三年六月公告之均價〇．二二元計算，相當於新臺幣一萬一千元）的流動廁所租借費。大規模翻修則需花費暫住的住宅租金、來回搬家費用。實際費用會依翻修內容與委託業者而異，不過**本書建議設定在施工與材料費的一〇%左右。**

[施工以外的費用]

- ▶拆除、清運費。
- ▶廢棄物處理費。
- ▶設備租借費。
- ▶追加的施工費。
- ▶施工過程中的居住費。
- ▶搬家費。
- ▶家具費。
- ▶各種手續費與稅金。
- ▶為告知鄰居要翻修住家時而買的伴手禮。

〈購買中古屋時〉

印花稅、契稅、所有權移轉登記費用、仲介費、持有稅等雜項支出。

〈貸款時〉

印花稅、貸款手續費、房貸壽險、火險、地震險、抵押權設定費用。

實用小單元

翻修工程一定會超支

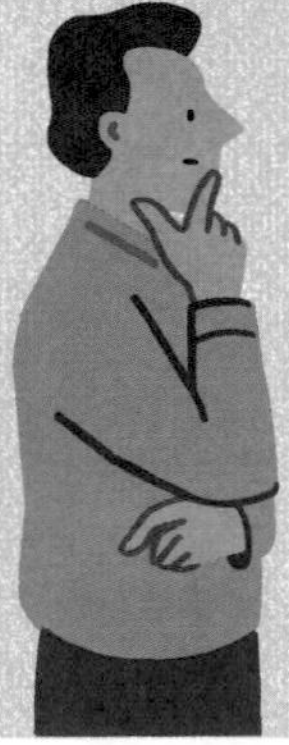

有時拆除地板或牆壁後，會發現從外觀看不見的內部損壞，這時就需要補修。做局部翻修的過程中，會發現翻修處與未翻修處不協調，進而增加預算。

只要一增加工程，工期自然會延後。正因翻修很容易發生預料之外的情況，所以必須準備充足的預算，以備不時之需。

4 購屋付款流程與房貸申請

大規模的翻修可能需要將近半年，費用會分成購屋、施工等多個階段支付。

工程長短會根據翻修現有住宅或是購買中古屋來裝修而異，不過以整棟住宅都要翻修的情況來說，從規畫到完工需要約六個月。尤其是貸款來翻新，需要在短時間內與業者討論、簽訂施工契約、辦理貸款手續，這段期間也得決定好內裝材料、設備型號等，所以事先與裝修業者確認好概略排程以掌握整體進度，會比較安心。

一般來說，不論購屋、裝修或翻修、申請貸款，都會在不同階段支付費用（流程見第二十六頁至三十頁表）。

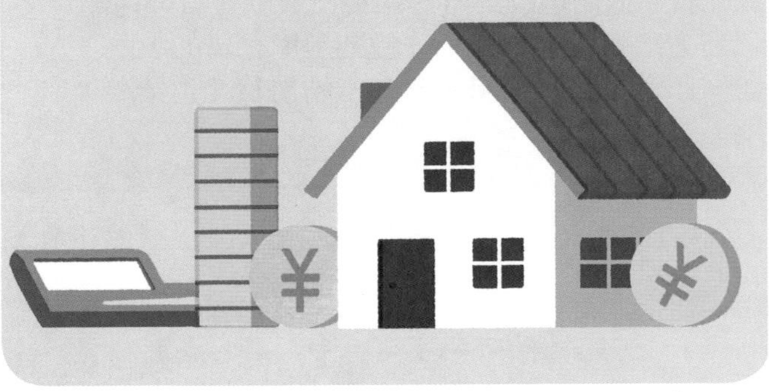

[購屋付款流程]

購買物件

尋找中古屋	找房仲業者表明打算翻修，並告知及預算有多少。
⬇	
表達購屋意願	支付斡旋金或寫要約書（其差異見左頁下方表）。
⬇	
簽約	簽訂不動產買賣契約書，在地政士見證下，核對買賣雙方身分，並於當天申請土地及建物謄本，確保賣方確實擁有房屋產權。 地政士通常會請買方簽與尾款同金額之商業本票，以確保交易之安全，本票會由代書保管。在買方支付尾款後，地政士會退還本票給買方。 此階段買方須準備簽約金（一般為房屋總價的 10%）、身分證、印章。
⬇	
用印	買賣雙方在地政士見證下備齊報稅與過戶相關資料，交由地政士蓋印章。另外，買方若需要貸款，應於此時決定貸款銀行，並由地政士整理報稅及貸款資料後送件。 此階段買方須準備用印款（一般為房屋總價的 10%）、身分證、印章、印鑑證明。若有申請房貸，也須準備財力證明。
⬇	

（接下頁）

完稅	當稅捐機關核發稅單，地政士會通知買賣雙方依約繳清稅款。 買家要準備及繳交完稅款（一般為房屋總價的 10%）、稅金費用（包含契稅、印花稅）、規費、代書費等。

⬇

交屋	賣方收到錢後與買方點交房屋、雙方確認屋況、完成相關費用拆算。 買家支付餘款之後（一般為房屋總價的 70%），記得拿回之前簽的本票。

	斡旋金	要約書
目的	買方展現誠意，除了方便房仲跟賣方議價之外，也能試探賣方底價。	
支付金額	尚無標準規範，一般會準備新臺幣 10 萬元至 20 萬元，或房屋總價的 1% 至 3%。要注意的是，斡旋金的多寡，並非決定買賣成功的絕對因素。	無。
議價成功	斡旋金轉為定金。	即可簽約或支付訂金。
議價失敗	斡旋金退回買方。	要約書失效。
違約	買方違約，斡旋金被賣方沒收，作為違約賠償；賣方違約，則加倍返還定金給買方。	買方違約，支付房屋總價 3% 給賣方；賣方違約，支付房屋總價 3% 給買方。

（定金與訂金的差異，見下頁上方表格。）

	定金	訂金
定義	雙方在履行合約前，支付一定的金額作為擔保。	在合約可履行的情況下，預先支付的款項。
退款	不可退款。	可退款。
違約	若買家違約或反悔不買，則無權要求返還定金。 反之，若賣家違約或反悔不買，則須返還 2 倍定金。	若買方違約，賣家有權要求返還；若賣家違約，須返還訂金給買方。

裝修或翻修計畫

事前準備	尋找設計師到現場丈量及評估屋況。記得告知預算、需求、喜好風格。順帶一提，有些業者在看屋階段就提供諮詢服務。
溝通與簽設計約	設計師會提供平面草稿確認，待雙方協議好並簽訂設計合約後，設計師才開始繪製相關施工圖面。 請掃描右邊 QR Code，可參考臺灣行政院內政部提供的「建築物室內裝修—設計委託契約書範本」。
繪製圖面	在這階段，設計師會製作施工圖、水電及空調圖、透視圖、細部大樣圖、材料及材質配色計畫……以進行細部討論。

（接下頁）

簽工程約 然後開工	確認工程圖沒問題，接下來就到了裝修階段，但施工前必須簽訂明確合約，才能繼續進行。 請掃描右邊 QR Code，可參考臺灣行政院內政部提供的「建築物室內裝修一工程承攬契約書範本」
施工及 監工	不論是自己監工或是委託設計師，最好對施工流程有基本認識，以便掌握工程進度與品質。
完工與 驗收	別馬上簽訂驗收同意書及支付尾款，先確認完工成果是否與工程圖或合約內容相符，如有不符之處，就請設計師或工班按圖施工完成。

房貸申請流程

申請房貸前應注意	1. 申請前，先確認頭期款是否充足（通常為房屋總價價 20% 至 30%）。 2. 預估房價及房貸額度（可利用銀行的線上工具或請教銀行專員）。 3. 確認月付金是否能負擔。
↓	
申請	不同銀行有不同的方案，依照個人或家庭的財務規畫及需求，選擇最適合自己的。
↓	
估價	銀行會根據房屋坪數、區域及周邊生活機能……來評估房屋價格，以確定貸款金額。
↓	
審核	銀行會審核借款人的條件，如信用、財力、工作穩定性等，來決定是否核准。
↓	
對保	借款人跟銀行簽訂借款契約（確認房貸核貸的利率、額度、綁約期限等合約細節）。對保當天，銀行專員會幫借款人辦理開戶手續，作為日後撥款及繳款時的帳戶。
↓	
設定	對保完成至銀行撥款前，借款人需要經過抵押權設定的程序。一般抵押權設定的金額為貸款金額的 1.2 倍。
↓	
撥款	地政士通知銀行確定的交屋時間後，會有銀行專員在撥款當天打電話給借款人，確認撥款事宜。

第 2 章

老屋該不該修？有基準

1 定期檢查門窗、浴室

新住宅住幾年後會出現一些狀況，像是設備出問題、內裝顏色變暗等。**若結構體方面的損傷放著不管，會縮短建築物的壽命**。適時的修繕，才能打造出可以住得長久、舒適的住宅。

不知道該不該翻修或打掉重建時，先綜觀建築物損傷狀態、家庭成員生命階段的變化、建築物的性能與施工費用等，之後再做決定（判斷基準見左頁表）。下方表、三十四頁表彙整了住宅的點檢位置與保養時的建議，敬請參考。

結構體（木造住宅）

部位	主要點檢項目	點檢時機	更換時機
混凝土勒腳牆	龜裂、局部下沉、通風不良	每 5 至 6 年（有狀況時則立即處理）	重建時更換
底座	腐蝕、蟲蛀	每 4 至 5 年（有狀況時則立即處理、5 至 10 年重新防腐與防蟻）	重建時更換
大引、床束、根太	腐蝕、蟲蛀、異音、凹陷	每 4 至 5 年（有狀況時則立即處理、5 至 10 年重新防腐與防蟻）	經 20 至 30 年，可考慮整面重做
柱、梁、間柱、橫架材	腐蝕、蟲蛀、傾斜、變形	每 10 至 15 年（有狀況時則立即處理）	重建時更換

* 根太：即橫向木條。　大引：地板下面把地板架空的椿子。　床束：高床結構豎立短柱支撐。

翻修或打掉重建的判斷基準

建築物的性能	中古屋與新成屋的建築物性能差異大。提升隔熱性與氣密性，能讓自己住得更舒適。而提高耐震性，能減少對地震的擔憂。強化這些性能，可延長建築物的壽命。
建築物的損傷狀態	包括外牆龜裂或剝落、雨水滲漏、門窗的開關狀態、地基與底座的損傷、溼氣、發霉、白蟻等。
施工費用	要翻修的地方越多，費用就越高。施工期間長，也會產生暫時租屋處與家當寄放費等。所以除了預估會產生的費用，也要規畫動工程度。
生命階段與喜好的變化	從剛入住到現在，家庭成員的年紀與生命階段都有很大變化。像是孩子長大，需要自己的房間，或內裝與外觀的風格已不符合喜好等。這時就要考慮該動到什麼程度，才能適合現在的生活與喜好。

門窗

部位	主要點檢項目	點檢時機	更換時機
木製室內門	開關不順暢，鉸鏈或門把等異常	每 2 至 3 年（有狀況時立即處理）	經 15 至 20 年，可考慮更換
玄關門	開關不順暢、腐蝕或是鉸鏈及門鎖等異常	每 2 至 3 年（有狀況時立即處理）	木製 15 至 20 年、鋁製 20 至 30 年，可考慮更換
鋁製窗戶內框	開關不順暢、腐蝕	每 2 至 3 年（有狀況時立即處理）	經 20 至 30 年，可考慮更換
防雨門、紗窗	開關不順暢、腐蝕	每 2 至 3 年（有狀況時立即處理）	木製 15 至 20 年、鋁製 20 至 30 年，可考慮更換
窗戶外框、拉門壁板等木質部	腐蝕、雨水滲漏、矽利康劣化	每 2 至 3 年（有狀況時立即處理）	更換門窗時，可考慮一起補修

廚衛空間

部位	主要點檢項目	點檢時機	更換時機
供排水	水龍頭五金、管線漏水或堵塞	有漏水或堵塞要立即修繕、清潔，五金部分的墊片每 3 至 5 年更換	每過 15 至 20 年，可考慮全面重拉管線。水龍頭部分則於重拉管線時一併更新
浴室	磁磚剝落或龜裂、磁磚縫或矽利康的脫落與劣化	有狀況時立即處理	經 10 至 15 年，可考慮全面更換
廚房	瓦斯爐點火不良、廚房門開關不順、排油煙機異常等	有狀況時立即處理	經 10 至 20 年，可考慮全面更換
廁所	馬桶或水箱漏水	有狀況時立即處理	經 10 至 20 年，可考慮全面更換

2 磁磚或外牆龜裂，建築物本體損傷

住宅的損傷程度依屋齡、保養頻率、位置條件、使用方式等而有不同，若覺得木地板踩起來怪怪的，或者是屋頂、外牆、廚衛空間有肉眼可見的損傷時，就可視為建築物主體已經出現損傷（見下頁、三十七頁表）。

然而外行人很難判斷損傷原因，也不清楚只要表面修繕即可，還是要從結構開始處理，這時不妨委託專家診斷建築物。如此一來，就可以明白需要什麼樣的修整與費用。

理想狀況是找兩家以上的業者來診斷。可以找住宅的建設公司、設計師、裝修業者或者是當地工程行等諮詢。

浴室

關鍵

裝修透天住宅的衛浴時，若遇到底座腐蝕傾斜、牆壁內部木材變形導致建築物跟著變形，會使磁磚承受多餘的壓力，進而出現龜裂或剝落等。

浴缸與瓷磚、牆壁與門框等的矽利康（按：Silicone，具有優秀的防水性、黏著性以及可塑性的建築用填縫劑）裂開或劣化，可能會漏水造成牆壁或地板內部腐蝕。

排水孔發出惡臭或是排水不佳時，可能是排水管堵塞造成的，有時需要更換排水管。

翻修方法

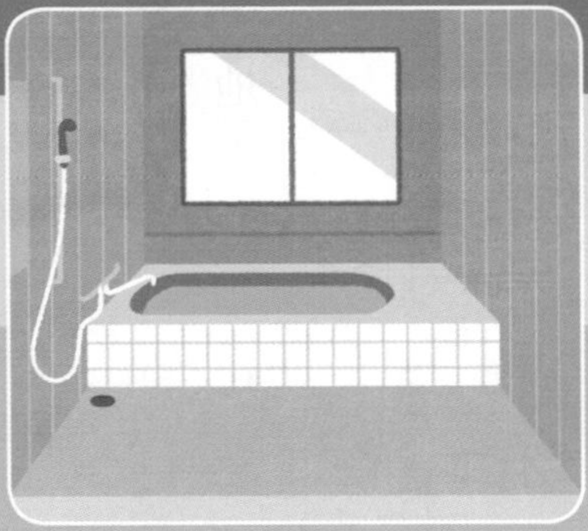

現場施工
自由選搭喜歡的配件後，直接在現場施作。又稱為傳統工法。

整體衛浴
在工廠將必要的配件組裝完成後，再運到現場裝設（又稱系統衛浴）。

地板

關鍵

先確認地板狀態，若踩起來有異音，可能是根太與地板材之間出現縫隙。這時可推測是木材過於乾燥而產生縫隙，或地盤下沉導致根太從大引上浮起。

白蟻造成地板下方結構損傷時，除了更換結構材，也要請業者做防蟻處理。

（接下頁）

翻修方法
直接覆蓋 只要原有地板表面無凹凸不平或凹陷等問題，就可以在原有的地板上鋪設木地板。
重鋪 拆除原有的地板，鋪設新的地板材。

外牆

關鍵
外牆龜裂會導致雨水滲漏進室內，造成結構腐蝕。
實際情況依龜裂程度而異，龜裂程度較小且數量少的情況下，通常會填充發泡劑修補。但隨著龜裂增多，外牆各處都有發泡劑的痕跡，外觀會變得不好看，這時可以考慮拉皮。

翻修方法
重新塗裝 需要搭建鷹架，所以同時翻修屋頂會更有效率。
拉皮 必須選擇適合建築物結構的外牆材，若是建材比原本材料更重的話，會對建築物造成負擔，可能需要另外補強。
直接覆蓋 原本的外牆很堅固時，直接覆蓋一層金屬外牆材是最簡便的方法。

3 屋齡四十年的公寓該怎麼修？

基本上，居住空間可以自由變更，但也會因管委會的規約面臨部分限制。

公寓大廈屬於集合式住宅，分成專有部分與共用部分（可參考四十頁至四十二頁圖）。居住空間屬於專有部分，基本上可以依喜好自由翻修。玄關門、門外走廊以及陽臺等屬於**共用部分，即使是自己名下的住宅也不能自由變更**。

變更地板材時要特別留意，有些公寓大廈的管理規約考量到隔音問題，連地板材的使用都有限制，所以要翻修住宅時，必須先確認管理規約。

此外，自家內部若有支撐整體公寓的牆壁或梁等結構體（見左頁圖），也禁止拆除。至於廚房與浴室等用到水的空間，只要能更動管線就可以改變位置。

實用小單元

先確認規約

很多管委會會按照公寓情況制定裝修相關條款，包括禁止使用的建材、不可更動的場所等，以及施工時間、施工日、共用部分的使用與建材搬運方法等。所以請事前向管理委員會遞交計畫以獲取許可。

變更格局

公寓基本上都是使用鋼筋混凝土（RC）。中高層公寓以框架結構為主（見下方右圖，低層公寓則有框架結構或壁式結構（見下方左圖）。如果自家空間能看見柱子的話，就是框架結構；沒有柱子，就是壁式結構。

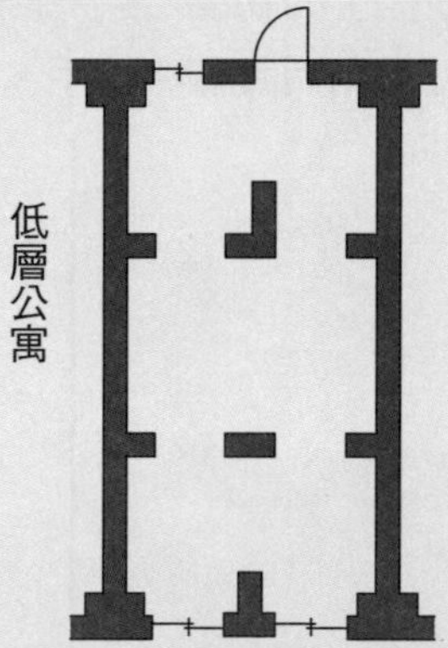

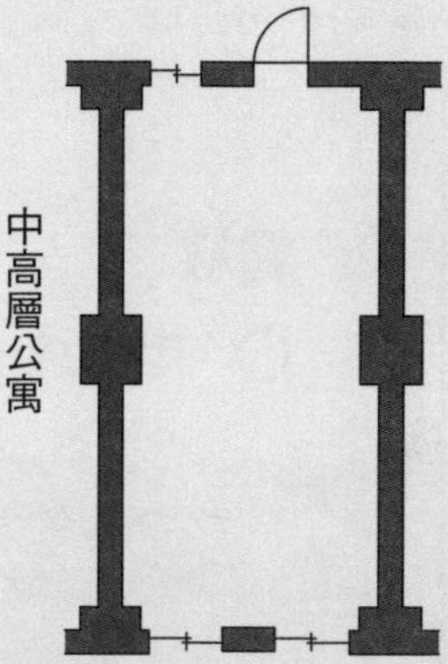

壁式結構

以混凝土牆支撐建築物的結構，室內看不見柱子，但屬於結構牆的翼牆不能拆除，所以變更格局的限制較多。

框架結構

以混凝土柱子與牆壁支撐建築物的構造，室內可以看見柱子。木造或輕隔間等隔間牆幾乎都可以拆除。

提升電力或天然氣的契約容量

確認電力、自來水與天然氣的契約容量（指某一特定時段內有效電力的平均值）。有些老公寓的電力契約容量可能不滿 30 安培（A）。若想透過翻修增設地暖氣、冷氣或 IH 爐（電磁爐的一種），契約容量可能不敷使用。所以請先向電力公司確定整棟公寓的用電容量。此外，自來水管太細會使水壓偏低，導致想購買的馬桶型號不適用。

[公寓能改動的部分]

隔間牆

○ 可更動。

△ 內牆可拆除或更換位置，
但是結構牆不可拆除。

陽臺

△ 露臺與格柵等可以設置沒有固定
在地板上的物品。

✕ 不可以動到護欄與扶手。

電線

○ 可移設或增設插座或燈具。

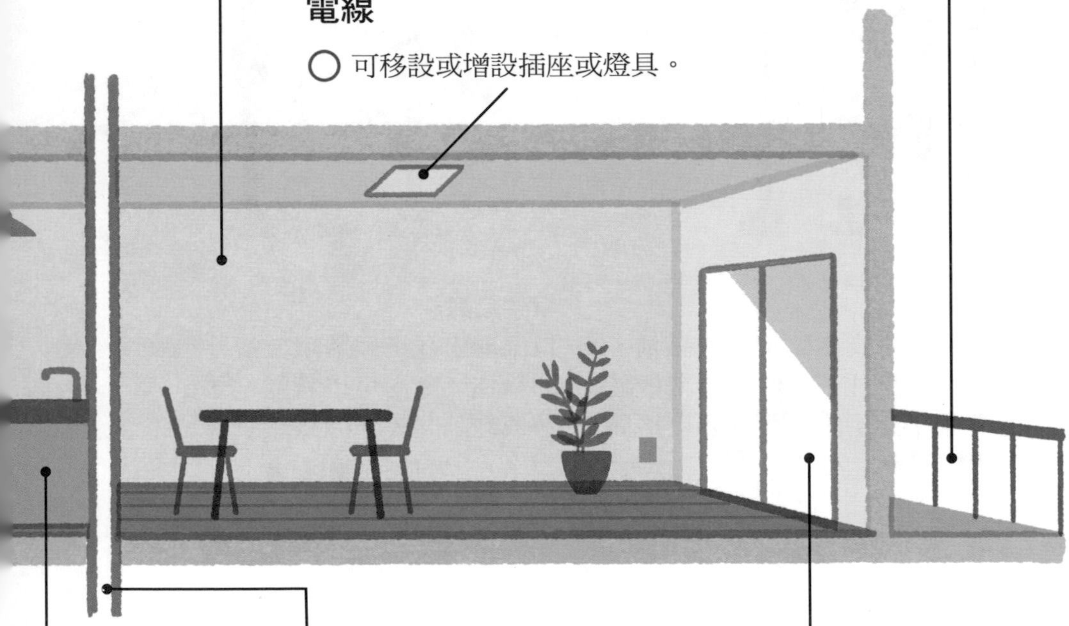

管道間

✕ 與樓上樓下共用，
所以不得移動。

窗框

○ 可在窗戶內側裝設第二層窗框。

△ 不可以換掉整個窗框。有些公寓
的管理規約同意更換玻璃。

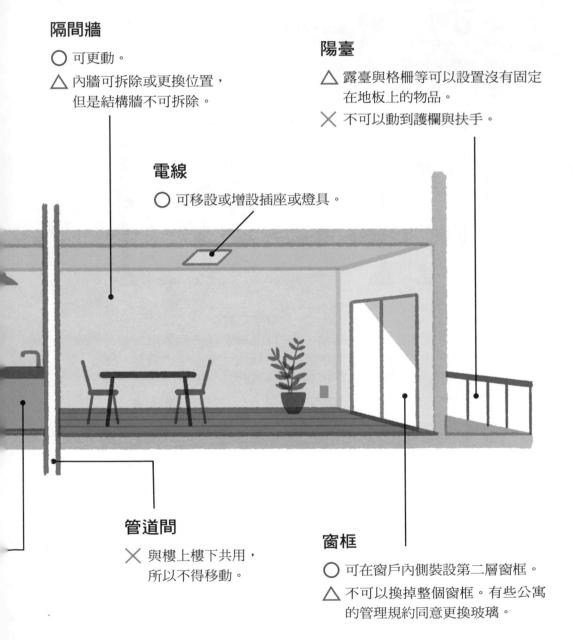

天花板

○ 結構體內部可自由翻修，也可以改變內裝。

△ 天花板內側還有空間的話，可以考慮拆除內裝，讓天花板看起來更高。

門

○ 室內門可以自由更換。

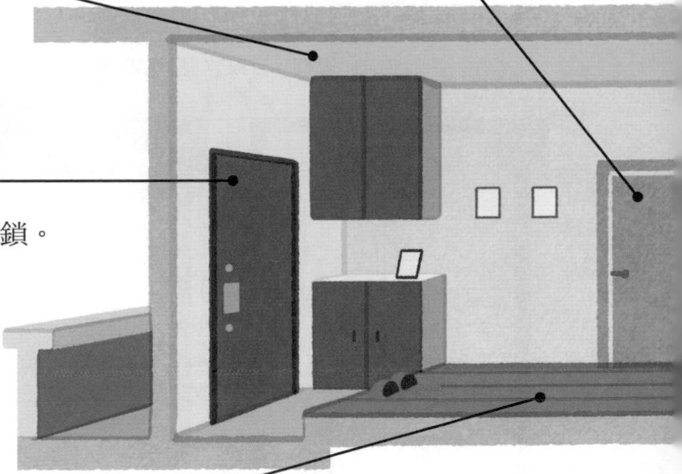

玄關門

○ 玄關門內側可以更換塗裝與門鎖。

╳ 不可以更換玄關門位置。

地板

△ 在符合管理規約的情況下可變更。

供排水設備

○ 可更動廚房與浴室的位置。

○ 只要有足夠的洩水坡，就可以移動排水管。

△ 廁所排水管可稍微更動。

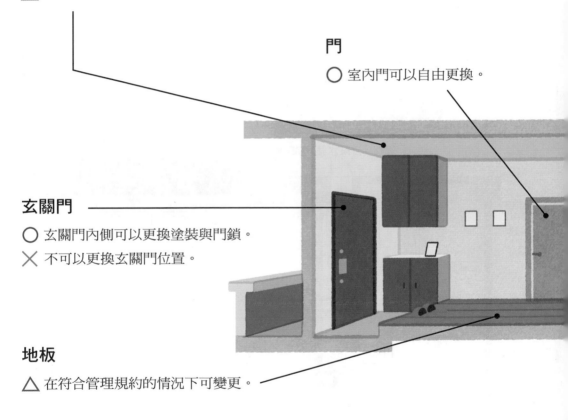

[專有部分與共用部分]

可變更 ▶ 專有部分

- 非承重之分間牆。
- 內側與窗框內部。
- 住宅內部的裝潢部分。
- 設備、配線與配管。

不可變更 ▶ 共用部分

- 混凝土地板與牆壁（主要構造）。
- 陽臺。
- 天花板、梁柱等的結構部分。
- 玄關門位置、窗框。
- 管道間（縱貫各住戶的管線）。

〈平面圖〉

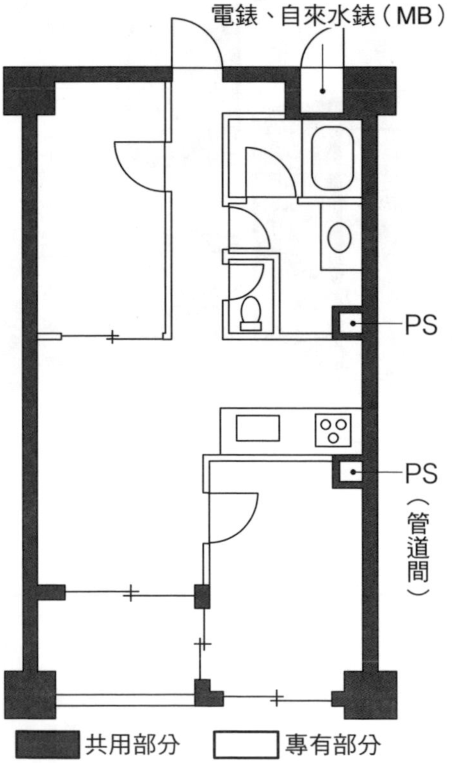

〈天花板〉

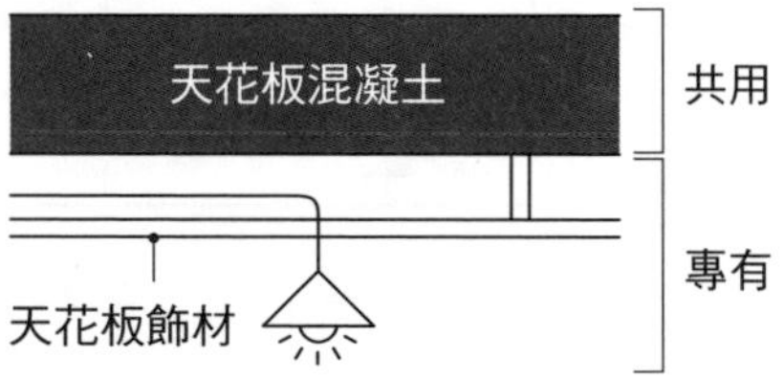

〈地板〉

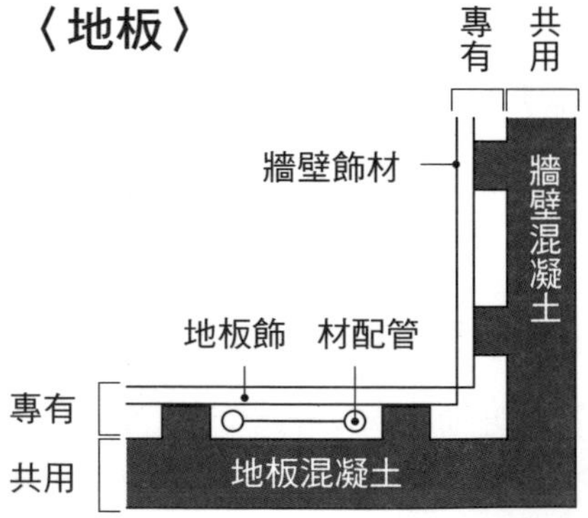

4 先確認建築工法，再決定改格局

連接一、二樓的縱向格局可以自由變更。

有些住宅受到建築工法的影響，會有結構上的限制，像是不可拆除特定牆壁或梁等（見下頁至第四十六頁圖）。

這類案例可能會刻意露出交叉支撐（Brace，見四十六頁右上圖）或梁，打造成內裝的視覺焦點，或是設計成充滿動態感的挑空區，活用住宅本身的特色。若能同步增設可以從下方溫暖的地暖設備等，就會形成既開放又舒適的空間。

但是建築規範依照各國建築法規與地方政府的條例而異，尤其外部翻修與增建，有時會受到建築面積、臨路狀況與外觀等限制，請事前確認清楚。

[獨棟，哪些部分可以直接改]

電力、供排水設備

○ 幾乎都可以移動或增設。

○ 可新設地暖設備。

○ 可以全面電氣化。但是需要 200 伏特（V）的電源，可能需要另外申請管線。

天花板

△ 若天花板內側還有空間，可拆除天花板裝飾，讓它看起來更高。

△ 可設置通風口，但根據工法，有些結構無法拆除。

隔間牆

○ 木造軸組工法與鋼骨構造可以撤除或換位置。

△ 輕量鋼骨構造與 2×4 工法（見第 46 頁），會有不可更動的部分。

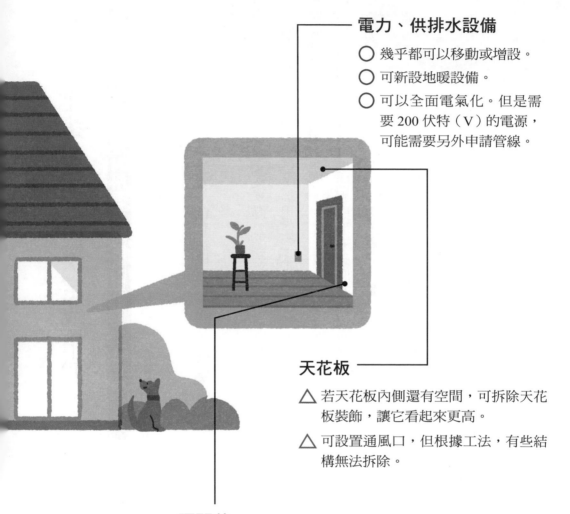

屋頂

○ 可以重新鋪設與重新做好防水處理。

○ 木造建築還可以增設天窗，但須搭配補強工程。

△ 形狀可以更動，但是成本較高。

窗戶內框

○ 可以更換，但是周邊牆壁必須跟著修補。

○ 可以設置新窗戶，但對外窗必須與鄰宅相隔適度距離，門窗距離不足是違法的。

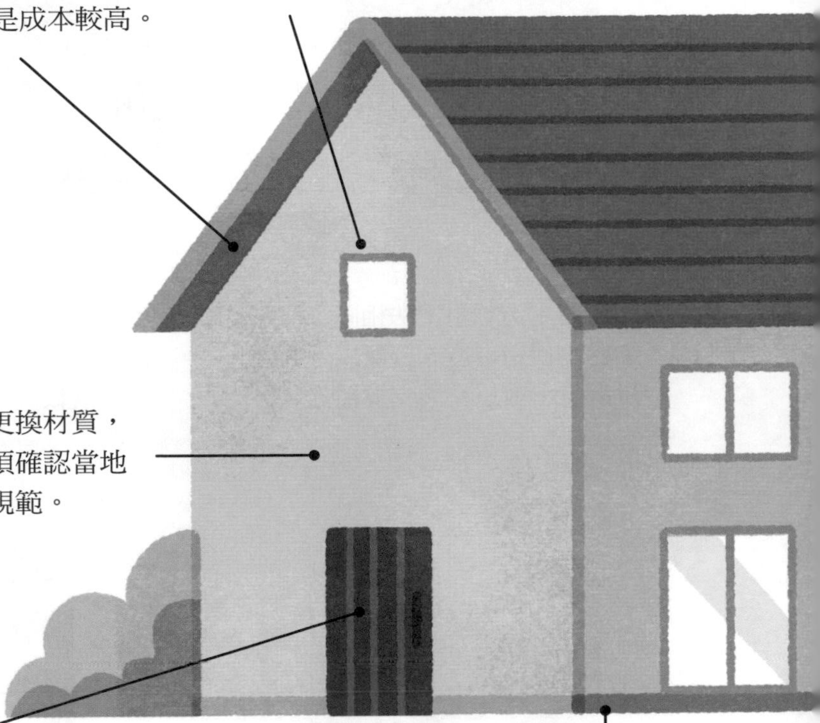

外牆

○ 可以更換材質，但必須確認當地防火規範。

玄關門

○ 可以更換，但是周邊牆壁必須跟著修補，且必須確認防火規範。

結構補強

○ 木造建築的柱子與牆壁補強較簡單。

△ 雖然花費較高，不過部分建築物也可以抬起建築物本身後重打地基。

▶建築物外牆開設門窗、開口，廢氣排出口或陽臺的規定，可參考全國法規資料庫。

▶臺灣防火構造建築物的相關規定，可參考全國法規資料庫。

〔 常見的建築結構與工法 〕

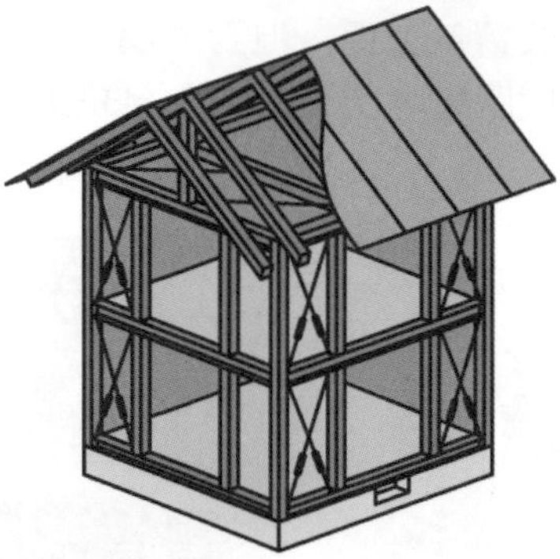

鋼骨構造

結構與木造軸組工法相同，但是梁柱均使用厚度 6 公釐以下的輕量鋼骨，並以交叉支撐補強。

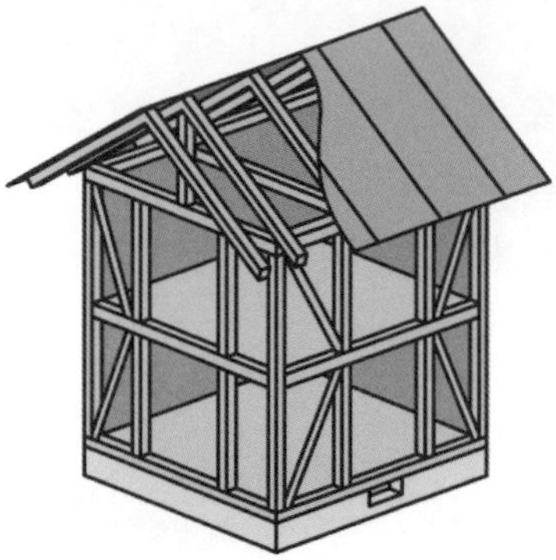

木造軸組工法

用木材梁柱等打造出骨架後，再以交叉支撐補強結構。格局自由度較高。

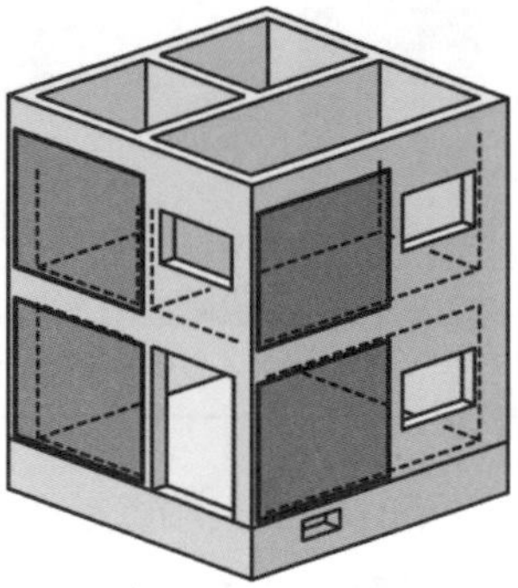

鋼筋混凝土構造（壁式）

沒有柱子，由地板與牆壁組成。設計自由度高，且隔音、耐震、防火與耐久性均佳。成本偏高。

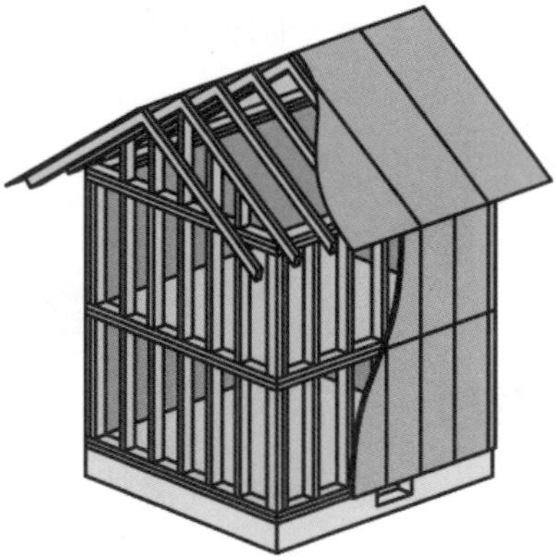

2×4 工法

又稱框組壁工法，用 2×4 英寸的木材打造框架後，以面支撐建築物的結構。耐震與隔熱性較高，可以打造出寬敞的空間。

第 3 章

買中古屋改裝，先問管委會

1 買中古屋，裝修預算怎麼分配？

不能只看價格，也要考慮想打造成什麼樣的家，以及可能會花多少裝修費。

裝修工程中最花錢的，是隔熱、耐震補強等與建築物基本性能有關的工程。即使是價格便宜的中古屋，也可能因為需要做這方面的工程，花了比預期還多的錢。舉例來說，北側房間牆壁發霉，看起來一片黑，很可能就是隔熱性太差，導致結露所引起的問題。像這類物件應特別留意。

各種因素都會影響物件價格，選擇價格略高但屋況不錯，也具備基本性能的物件時，可以直接沿用舊有設備，這麼做有助於壓低裝修費用。

因此，別只盯著便宜物件，而是仔細確認理想區域的不動產資訊，並參考左頁下表提到的注意事項，才能找到滿意的物件。

物件價格與裝修費用的關聯

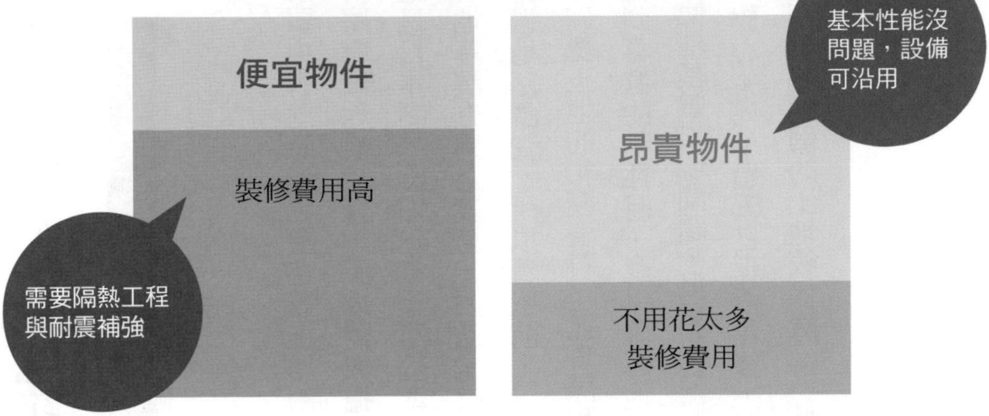

挑物件前留意這幾點，就不需要太多裝修費

中古屋要確認可看出資產價值的部分	檢視修繕履歷、管理費與修繕基金等共同維護費，及共用部分的維護狀況。這些不僅代表著資產價值，也會影響後續維護時的成本。
連看不見的部分都要確認並考慮投保	結構與供排水管路等從外觀看不見的部分，也要向房仲業者確認清楚。
確認中古透天的維護狀態	前屋主沒有維護好的話，內部結構可能已出現損傷，進而衍生出額外的支出。這時也要確認外牆龜裂等外觀保養狀況、推門與拉門等的開關狀態等。
老屋要準備耐震工程的預算	透天住宅若為現在耐震基準實施前所建（譯按：臺灣於 921 大地震發生後修正耐震法規，並於 2000 年實施），可能會需要耐震補強工程。

2 購屋前，先查地籍資料

查詢公家機關的地基資料，並實際到現場觀察。

購買中古屋時，也要注意土地的狀態。一般來說，新屋會做地盤調查，不太需要擔心地基狀況。但問題是日本到二〇〇〇年建築基準法修改後，才開始將地基調查列為義務，因此屋齡較老的住宅可能沒做過地基調查。所以看屋前，可以先透過公家機關等確認土地的相關資料，並實際到周邊走走。

找到喜歡的物件時，記得確認地基是否經過調查，即使地基曾出現問題，但只要經過適度的改良，就可以放心。只不過改良也要花錢，所以購買中古屋時避開地基脆弱的土地較保險。

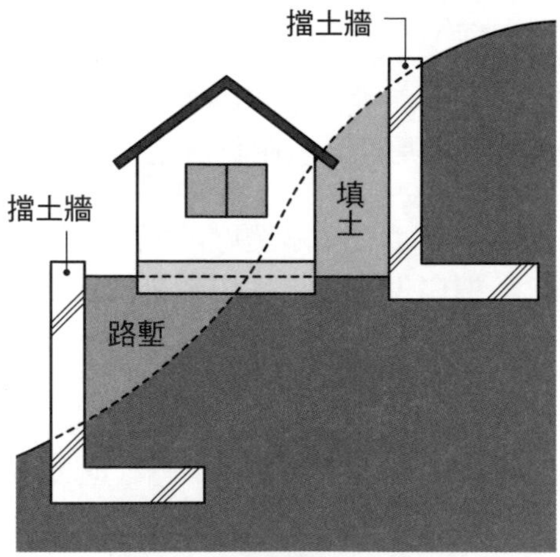

路塹與填土

山脈崩塌造成的階梯狀土地，因為是新土石堆積而成，會使地盤的硬度不均，進而引發局部下沉。

【 土地檢視表 】

□ 檢視地基調查的資料

若想調查基本地質資訊，可上網查詢（例如臺灣經濟部中央地質調查所網站，請掃描右方 QR Code）。公寓等地基強度，則可透過設計圖中的結構圖之潛盾鑽孔數據確認。

□ 檢視液化地圖或災害潛勢地圖

國家或縣市會在官網公開災害潛勢地圖（例如臺灣國家災害防救科技中心，就有 3D 災害潛勢地圖，請掃描右方 QR Code），包括地震、海嘯與洪水等。詳實公布這些資訊的地方政府，防災策略相對完善。

□ 調查土地的來歷

可到當地圖書館找老地圖，確認以前的土地使用狀況。

□ 填土或土石崩塌造成的土地要特別留意

填土造成的土地等有可能是軟弱地盤（按：指不符合工程需求，如穩定性不足、可能產生過大沉陷或變形的地盤），因此除了查詢政府公布的地圖外，也要向賣方確認土地成形的原因。若土地呈階梯狀（見右頁圖）時，發現擋土牆龜裂、彎曲的範圍大幅接近住宅，或是附近電線桿彎曲，必須格外留意。

□ 觀察地基內部與周圍

地面與建築物之間有縫隙或凹陷時，可能是地層下陷造成的。若是附近道路也有局部下沉，或是下雨後有遲遲不乾的水窪，就可能是地基脆弱的警訊。

3 老公寓改裝，細節超乎你想像

除了管理規約，還要調查建築物結構、電力容量與熱水器規格、配管狀態。

公寓的工法主要採用框架結構與壁式結構，兩者的裝修自由度不同。所以要先確認建築物是否能改裝成理想的格局。

為了避免居住的必要設備無法充足運用，必須確保足夠的電器與熱水器所需容量，**老公寓的契約容量往往偏小，所以要查清楚是否可以提升契約容量**。若打算更動廚衛空間的位置，也要確認管線的狀態。公寓大廈管理規約通常也會針對裝修工程訂有規範，所以須事前確認清楚。

其他像是公寓今後的修繕計畫、管理費與修繕基金的金額、管理狀況、隔音性能與周邊環境，也都應加以留意（見左頁至五十五頁表）。

公寓改裝注意事項

☑ 詢問房仲公司

□ 管理規約的內容

公寓都有各自的管理規約，連共用部分的使用與倒垃圾時間等都有規範。其中也有與翻修有關的規則，包括施工時段與日期，有些公寓甚至禁止地板使用實木材質。

□ 以往的修繕履歷與未來的修繕計畫

檢視公寓的物業公司是否有定期修繕紀錄與今後計畫，若近期有大規模修繕計畫時，可能會有臨時支出。例如：公寓通常會在屋齡 10 年至 15 年時補強屋頂防水，及修補與塗裝外牆，並在屋齡 20 年時更換或補修供排水管。

□ 管理費與修繕基金的金額

管理費會用在維護公寓大門、垃圾場等共用部分，修繕基金則是為日後修繕所準備。若公寓管理費比其他地方便宜時，很有可能是平日沒有做好管理與維護。

□ 建築物耐震基準

建築執照核發後到完工之間會耗費數年，因此在這之後完工的物件不見得一定符合新基準，選購公寓時也要將其列入參考。除此之外，也應檢視建築物本身的耐震構造。

☑ 檢視物件

□ 建築物結構

中高層公寓常見的框架結構（見圖①），以梁柱支撐建築物。可拆除所有隔間牆，將住宅打到剩骨架再翻修。低層公寓則以壁式結構居多（見圖②），以牆壁與地板等面支撐建築物，因此住宅內會有不可拆除的牆壁，格局有較多限制。

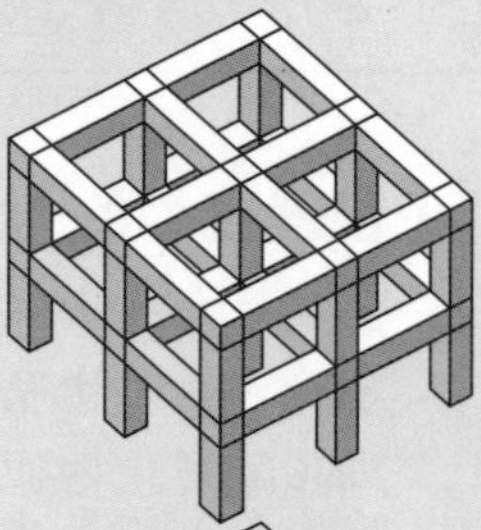

①

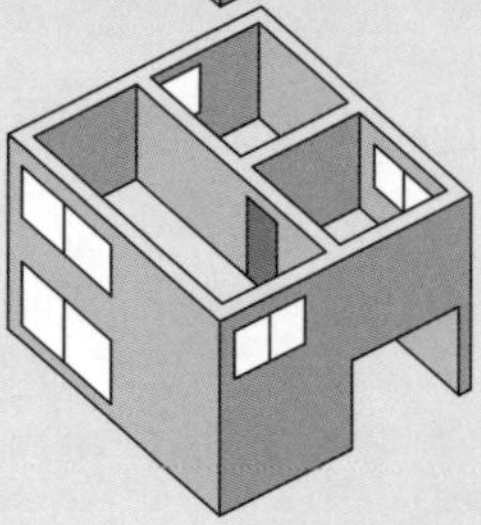

②

□ 電力契約容量

近來 50A 至 60A 是主流，但老舊物件可能是 30A。大量使用洗碗機、IH 爐與電腦等電器時，建議提升契約容量。因此請先確認可以提升到什麼程度。

□ 冷氣孔位置

設置冷氣時，牆壁必須有專門的冷氣孔，以及放置室外機的位置。

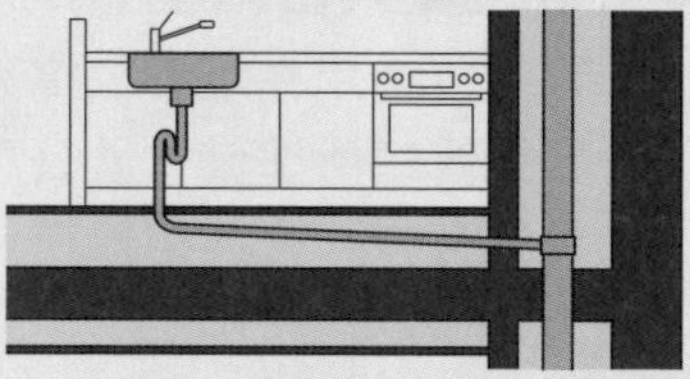

③

□ 配管狀態

只要可以確保洩水坡，就能移動廚衛空間。通常排水管會配置在地板下方，此處空間越寬敞就越好挪動（見圖③）。老公寓偶爾會有排水管穿過樓下天花板的設計，這種情況就很難移動了（見圖④）。此外也要確認抽風機的排風管可移動範圍。有些公寓考量到排水噪音，所以管理規約會限制廚衛的移動範圍，須留意。

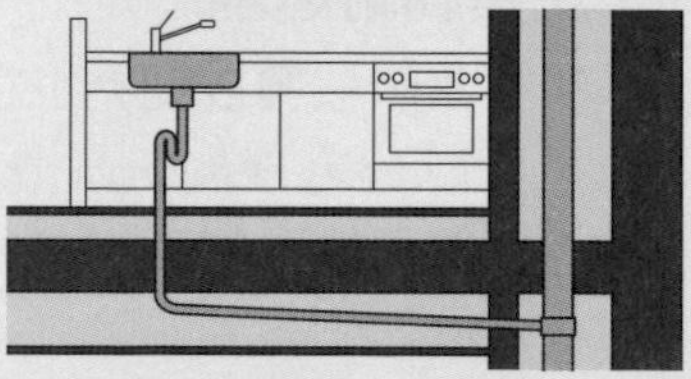

④

☐ 適用的熱水器規格

廚房與浴室要同時使用熱水時，最少要選擇 20 公升的熱水器，若搭配瓦斯型的地暖系統時，則需要 24 公升。因此要確認是否裝得了符合規格的熱水器，也要確認是否能換成預熱循環型熱水器。

（按：熱水器公升數，是指每分鐘水溫升到設定溫度的出水量。）

☐ 管理狀況

要從住戶的角度確認入口處與電梯的清潔狀況、停車場與垃圾場是否乾淨等。環境是否做好管理，攸關入住後的滿意度。

☐ 維護狀況

觀察外牆塗裝剝落、明顯的裂痕、陽臺扶手生鏽等狀況，尤其龜裂可能造成雨水從外牆滲入，造成結構裡的鋼筋生鏽，必須特別留意。若有看到修補的痕跡會比較安心。

☐ 左右鄰居與樓上、樓下住戶、外部的聲響

首先從圖面檢視隔音性能。基本上隔音性能與地板、牆壁的混凝土厚度成正比，越厚越不容易聽見聲音。若老舊物件沒有圖面可參考，就向住戶打聽。挑選離鐵軌、交通量較大的道路、公共設施、商圈較近的物件時，則應開關窗戶確認會聽到多少外部噪音。

☐ 日照與通風

確認日照時間、光線照射方式與通風狀況，之後設計格局時能列入考量。上午與下午的日照狀況不同，須在不同時段確認。

☐ 周邊環境

包括超市、購物中心等採購的地方、銀行、郵局與醫院等生活不可或缺的機構、孩子的幼稚園與學區等。雙薪家庭也要確認托兒所的招收情況，會騎自行車的話，要確認坡度是否太多等。

4 下大雨的隔天最適合看屋

請裝修業者的窗口陪同看屋，最好挑下大雨的隔天。

買獨棟時，首先要確認建築工法及可以翻修的範圍。

接著要確認建築物的受損程度。從外側來說，要檢查外牆與基礎是否有龜裂，室內則要檢查牆壁與天花板的汙漬等。也要實際啟動設備，確認是否還能使用。其他細節，像是日照、採光與周邊環境等，也都要從實際住在裡面的角度檢視（見左頁至六十頁表）。

實用小單元

請窗口陪同看屋

獨棟住宅有時表面看起來很漂亮，結構內部與基礎部分等卻隱藏著損傷，如此一來，需要大規模的補強與修繕工程，導致預算超支。此外，隔熱材的狀態、基礎與外牆狀況等，都是外行人難以判斷的部分。可以委託專家陪同確認。

在下雨隔天看屋

下雨天看屋有機會發現外牆、屋頂等的漏雨狀態、基地的排水狀況等。此外，漏水可能會導致室內牆壁、天花板等留有汙漬，所以可以挑在雨天的隔天前往確認。若能挑不同時段與日子前去確認就更好了，像是上午與下午的日照、平日與假日時的外部聲音等，讓你能更掌握住現場狀況。

☑ 詢問房仲公司

□ 法定條件

以土地來說，有使用分區、可建築的建築物種類、高度限制，面積方面也有建蔽率與容積率等的上限。

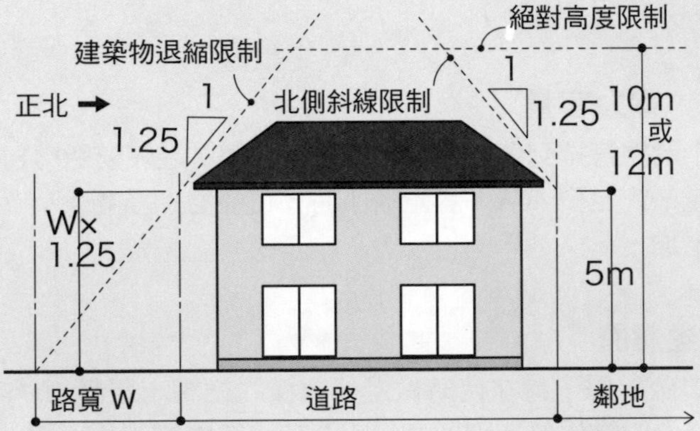

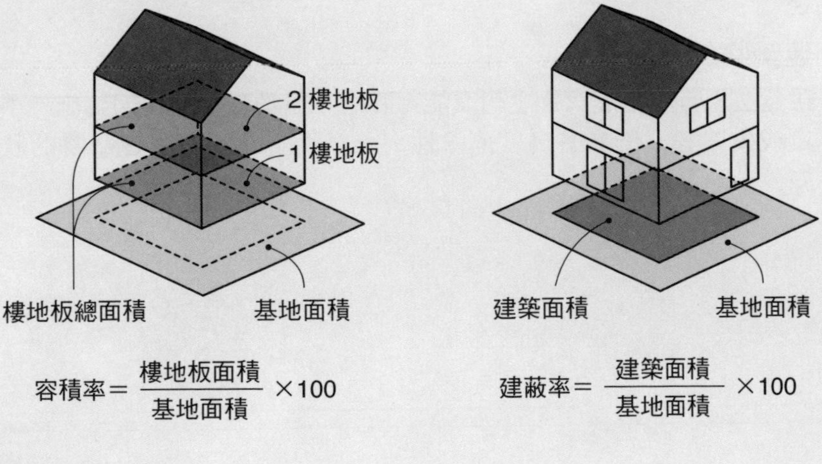

（接下頁）

□ 道路連接狀況

儘管這與翻修沒有直接關係，仍應在購屋時確認清楚（在臺灣私設通路寬度，可參考建築技術規則建築設計施工編，請掃描右方 QR Code）。

□ 是否有正式圖面

除了平面圖、立面圖之外，若能拿到規格書、可證明符合建築法的使用執照等會更理想。

□ 自來水、電力容量

從道路上的總管拉到各住宅的自來水管口徑，最好要 20 公釐以上，電力容量最少也要 40A。容量較小時，可能必須重新牽管，導致施工費用增加。

□ 增、改建履歷

請向窗口確認房子曾在何時做過什麼樣的維護，屋齡 10 年以上卻從未維修過的物件要特別留意。因為補強與修繕工程所需的費用，可能會超過預算。

□ 建築物的建築年分

雖然法規有規定建築物之耐震能力評估。但是有些物件因為施工不良或失誤等，仍具有高度危險性，所以仍請確認實際建築物的狀態。

選購中古屋的眉角

☑ 檢視物件

□ 建築物工法

若是木造建築，以梁柱搭起骨架後，用交叉支撐補強的木造軸組工法，可以自由變更格局。以面支撐的 2×4 工法雖然耐震性與隔熱性較好，但是不能拆除隔間牆，格局調整幅度有限。

□ 隔熱材

試著檢視屋頂內側，確認牆壁的隔熱材是否有做到天花板，或是檢視地板下方，確認隔熱材是否鋪設得毫無縫隙或是出現下垂。

□ 地板、外牆

外牆若有龜裂或異樣隆起，可能是雨水滲漏等導致建築物內部劣化。地板有較大裂痕時，可能是地盤軟弱等造成建築物局部下沉。

□ 廚衛設備、熱水器

前屋主留下的設備等是否堪用，會影響到後續計畫與費用，所以要全部啟動確認狀態。此外，也要檢視熱水器的性能，若是瓦斯型，最少要 24 公升。

□ 日照與通風

透過面向道路的方位、與鄰地間的距離等，確認日照與通風程度。這裡關鍵在於著眼翻修後的房間配置，而非既有的格局。

（接下頁）

□ 地板斜度、異音

在房間中央放一顆彈珠，若會朝著特定方向滾去就不要列入考慮。此外，要注意門板開關是否順暢，還可以打赤腳踩在地板上，檢查是否有凹陷或是異音。

□ 停車位

確認車子與停車位的尺寸，以及從道路進車庫時是否順暢。同時也要確認上下車位置與玄關之間的路徑。

□ 牆壁、天花板

牆壁與天花板交接處有汙漬時，可能是漏水造成的，家具背部與房間角落有發霉或黑斑的話，可能是牆壁內部有結露，也可能是結構內部的通風或隔熱材施工狀況有問題。

□ 周邊環境

購物設施、銀行、郵局、醫院等生活必需機構、幼稚園、學區，雙薪家庭要確認托兒所的招收狀況，會騎自行車的人要注意坡度等，建議也要確認鄰居之間的氣氛。

第 4 章

找誰幫我裝修？

1 名氣不等於品質，從需求找業者

先想清楚要翻修的內容後，再委託擅長該領域的業者。

若想透過翻修解決現居住宅的問題，建議找與住宅有關的工程行商量。只要是理解建築物結構的業者，理應能提供適當的裝修建議。

想購買中古屋來翻修，則建議選擇裝修公司。這類公司除了實戰經驗較多，還能幫忙勘驗中古屋。

只想更換洗手檯或廁所，可找工程行。但若想打造出理想中的住家，建議選擇室內設計裝修公司。

順帶一提，做局部修繕，向左鄰右舍打聽當地好口碑的工程行也是好方法，如此一來，施工後有什麼狀況，對方也能儘早處理。

過來人的心聲

我請公寓的物業公司介紹（兵庫縣，六十多歲，公寓）。

我透過傳單找到當地業者（東京，五十多歲，獨棟）。

我委託當地五金行，五金行再發包給廠商（滋賀縣，三十多歲，獨棟）。

我找專門建造住宅的裝修公司（奈良縣，四十多歲，獨棟）。

我聯繫當地的裝修公司，對方提供很靈活的服務（埼玉縣，三十多歲，大樓）。

當地裝修公司的優勢

1｜同時提供設計、施工，較不會因與其他業者配合不佳而出問題。

2｜能提供適合當地氣候的結構或計畫。

3｜與當地業者關係緊密，可以提供靈活且迅速的服務。

4｜有許多省錢點子。

相關業者

裝修公司

實績豐富，包括全面翻修中古屋以及僅廚衛空間的小規模裝修等，甚至有業者連介紹物件與資金規畫都能提供協助。

建築師

重視設計感與獨創性的人可找建築師。雖然施工方面會發包給工程行，但是建築師會負責監工，較為安心。

提供設計服務的家具店

從地板、牆壁內裝到門窗等材料與家具等，都能一起搭配，甚至有機會打造出猶如店面的高品味空間。

2 比價格更重要的是，彼此溝通合拍

將提案能力、實績、左鄰右舍的評價等列為參考，但最重要的是與自己能否合拍。

光是翻修廚房，人們的需求就五花八門，有人重視便利性與機能性，有人講究外觀，也有人首重預算……所以尋找業者時，請關注對方是否能確實理解自己的需求並提供相應的方案。若對方能不偏重優點，連缺點都說明清楚，甚至提供相對省錢的方案等額外建議就更好了。此外也可以透過官網檢視對方至今的實績，要求參觀實際的施工現場，並參考鄰居或親友的心得等。

與窗口是否談得來、品味是否相符也很重要。即使只產生少許的疑慮，也可以考慮要求更換窗口。

過來人的心聲

我利用網路找了幾家業者報價，最後挑了回答最快且說明仔細的業者（埼玉縣，四十多歲，公寓）。

我家附近有正在翻修的物件，所以我請對方讓我參觀現場（東京，六十多歲，獨棟）。

我喜歡回應速度很快且詳細解說的業者；如果服務態度很差，再怎麼便宜我都沒興趣（千葉縣，三十多歲，大廈）。

選擇業者的訣竅

- ▶ 檢視施工實例。
- ▶ 參觀施工現場或是參加相關活動。
- ▶ 詢問做過裝修的人的心得，連他們的抱怨也要一併考慮。
- ▶ 和業者談得來，也是一大重點。
- ▶ 篩選至剩下幾家業者後，就請對方提案與報價後比較。

實用小單元

留意惡質業者

有些裝修業者未先聯繫就突然造訪，表示「提供免費診斷」，然後開始檢查地板、外牆與熱水器等。明明家中設備都沒有問題，卻以「放著不管會有危險」等話術煽動住戶，並糾纏不休要求簽約等。

也有人會偽裝成知名業者的子公司，擅自在名片上印製知名業者 LOGO……請務必多加小心這類惡質業者。

33 多找兩、三家業者共同報價

帶著相同條件與要求，找多家業者報價。

報價單上列出的許多專有名詞與精細數字（可參考左頁圖），外行人很難一一理解。因此，如果只拿到一家業者的報價單，很難判斷上面的金額是否合理。一開始，不妨先篩選業者至兩、三家後，再索取報價單並仔細檢視。此外，先告知自己正在比價後再索取報價，才不會顯得失禮，也要精準表達相同的條件與需求，比價才有意義。

收到報價單之後，請確認對方是否真的按照條件與需求報價。不要僅比較總額，也要查清楚施工內容與使用的材料等。拿到最終報價單時，要再次仔細確認建材、設備型號是否錯誤，是否有沒寫清楚的項目等（檢視重點見六十八頁表）。

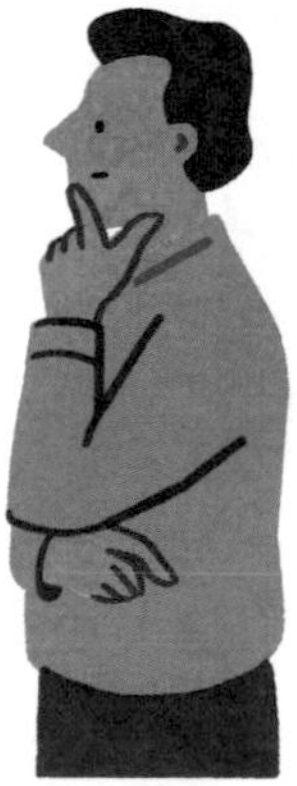

生成日期 2022 年 9 月 28 日

住宅裝修工程

報價單

〇〇〇　　先生／小姐

承包商 ABC 工程行
負責人 〇△〇△
地址 〇〇〇縣〇〇市△△鎮〇〇－〇〇

※ 需要設計費時，會於施工費中標出

施工項目	摘要（規格）	（單價、數量、時間等）		金額（日圓）
1 餐廳工程				
臨時工程	保護工程費	25.0㎡	700	17,500
	內部簡易式鷹架	25.0㎡	100	2,500
	清潔費	25.0㎡	900	22,500
內裝工程				
地板鋪設	品牌：〇〇〇〇	25.0㎡	7,800	195,000
	型號：AB- 〇〇〇			
地板鋪設工資		25.0㎡	4,500	112,500
天花板塑膠壁紙	品牌：〇〇〇〇	25.0㎡	1,800	45,000
	型號：〇〇〇〇〇 - A			
天花板底部調整費		25.0㎡	2,600	65,000
牆壁塑膠壁紙	品牌：〇〇〇〇	60.0㎡	1,800	108,000
	型號：〇〇〇〇〇 - B			
牆壁底部調整費		60.0㎡	2,300	138,000
塗裝工程	木質部塗裝	一式		30,000
電氣工程	更換插座面板	一式		7,000
2 廚房工程	（明細另計）			945,000
其他費用				150,000
拆除費用與廢棄物處理費	現存餐廳與廚房拆除	一式		150,000
		施工費用（未稅）		1,988,000
		交易相關消費稅等		198,800
		合計（含稅）		2,186,800

■附件：補充本報價單用的討論單據。
本報價有效期限至 2022 年 10 月 29 日。
※ 請謹慎保管本報價單。

		經辦人

＊施工承攬契約附加的最終報價單範例。

☑ 報價單的檢視重點

□ 使用材料

確認是否標有期望建材與設備等的品牌與型號。

□ 寫數量還是「一式」

如果本來寫的是數量或單價的項目，突然變成一式（按：一式是裝修工程估價中常見單位，原意是針對「難以文字詳盡說明、描述施工內容」的工程項目來使用），就必須向業者確認清楚。所謂的一式太過模糊，看不出施工到什麼階段、材料用到什麼程度……很容易衍生出糾紛。

□ 其他費用

確認包含了哪些費用。

□ 拆除費用與廢棄物處理費

有拆除工程時，也要檢視廢棄物的處理方法與費用。

□ 報價有效期限

通常是 1 個月左右，要是期間太短應特別留意。

過來人的心聲

除了找職場上有往來的公司外，還找了 3 家業者報價，最後委託服務態度最好的一家（埼玉縣，六十多歲，公寓）。

我索取數家業者的報價，並比較報價單，最後找金額最合理的一家簽約（福岡縣，五十多歲，獨棟）。

因為想知道各業者之間的報價有什麼差異，所以花很多時間索取報價，結果因為心累，在認真比較報價之前就簽約了，我很後悔（三重縣，四十多歲，公寓）。

第 5 章

不能只選自己喜歡的，和同住者多討論

1 動工之前，所有家人先聊過

務必和所有家人聊過，並將大家的想法寫在筆記上。

即使是家人，生活習慣與喜好也存在差異。家是家庭成員共享的場所，所以每個人都要說出自己的想法，然後整合意見。若只按照某人的意見來翻新住家，後續可能會引發其他人的不滿。

制定裝修計畫時，請準備一本筆記本，專門記錄與家人、業者的討論內容。像是不錯的點子、業者的口碑、對現在住宅不滿意的地方、覺得哪些部分不方便等（見左頁圖）。如此一來，就能逐漸看出該處理的地方與動工程度，規畫會變得更順利。

像這樣留下紀錄，假設之後工程碰到什麼問題，需要選擇時，這份筆記會成為不錯的參考資料。

[　翻修專用筆記本　]

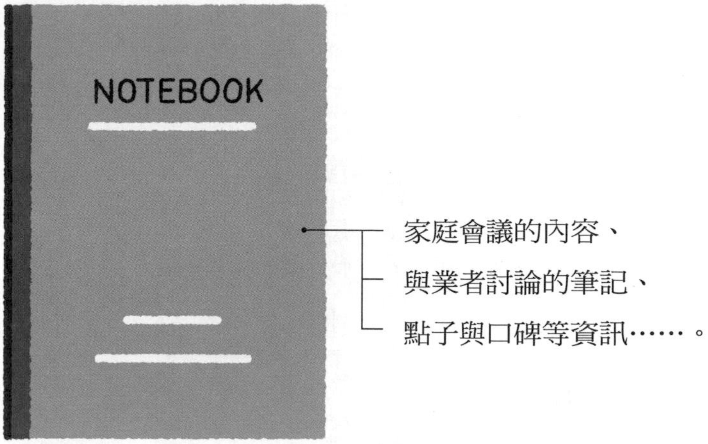

▼
寫出對現在住宅的不滿

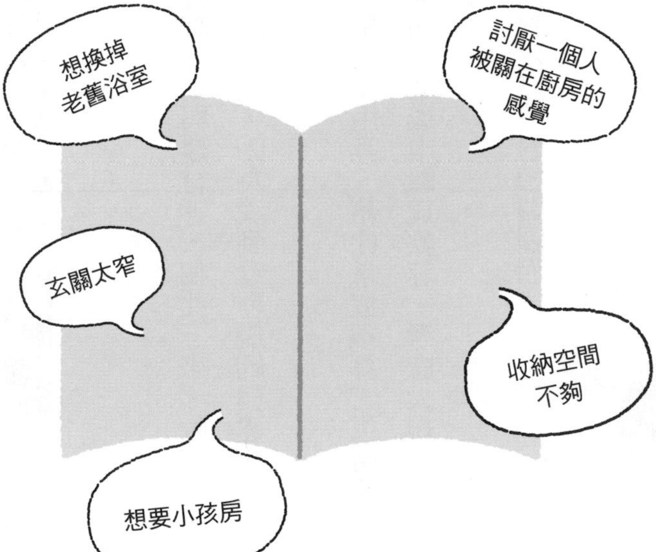

2 多看裝潢前後的比較案例

除了蒐集施工案例、設備等資訊外，也要制定概略的資金計畫。

多方蒐集資訊，透過雜誌或網路多看翻修實例、查詢設備與建材等。如此一來，較容易想像實際完工的樣子，有助於制定計畫。若要翻修的物件是公寓大廈，因為受到管理規約與建築物結構等限制，不妨尋找同為公寓大廈的施工案例，以獲得具體的資訊。

本書建議同步制定資金計畫。請參考施工案例上的施工費用等，藉此掌握預算。這時要考慮的包括：能準備多少錢？不夠的部分，是否能利用政府補助方案或申請貸款等。考慮大規模翻修時，也要確認相關法規、管理規約、建築物結構等。

可以的話，最好在與業者討論之前，就先備齊物件剛建好時的相關圖面。

翻修前的準備

□ 尋找符合理想的施工案例

透過雜誌或網路等，找到與理想相近的施工案例。試著比較翻修前後的差異及格局圖等。多看一些施工案例，較容易想像出施工完成的模樣。

□ 蒐集建材與設備的資訊

檢視現在趨勢與行情，遇到有興趣的產品就索取型錄，也可以參考裝修公司的傳單等，藉此鎖定想要的功能與造型。本書也很推薦前往展場或展示中心等確認實體。

□ 制定資金計畫

能花在裝修上的預算有多少？精算手上的資金，視情況找銀行來貸款。

□ 調查法規、管理規約與建築物結構

有些住宅剛建好時的建蔽率等，已經不符合現在法規了，所以必須特別留意。若選擇的物件是公寓或大樓時，也要一併確認管理規約。

過來人的心聲

建議各位大量參考公寓新成屋，這麼做能看出現在流行的牆壁顏色、浴缸與馬桶造型等（埼玉縣，六十多歲，公寓）。

翻修時，有很多事情必須在短時間內下決定，非常辛苦。但事前透過雜誌等讓想法有更具體的形象時，就不會太迷惘了（千葉縣，二十多歲，大樓）。

與業者討論時，我和外子因意見不合而吵起來……若能事前討論清楚就好了（宮城縣，三十多歲，公寓）。

3 最適合動工的季節

雖說適合的季節依裝修內容而異，不過盡量避開夏季、冬季以及家庭的重要活動。

如果是工期很短的裝修，不必太過講究季節。然而雖說更動內裝不受季節影響，但翻修浴室的期間不能洗澡，所以避開炎熱的夏季比較保險。此外，也建議避開孩子的考試季節或工作旺季等較忙碌的時期。

若外牆要拉皮，或有必須打掉局部屋頂的工程，最好避開梅雨與颱風季節，最理想的是氣候穩定且日照時間較長的初春。有些人在盛夏重新塗裝牆壁，結果因為必須關閉窗戶，讓酷暑變得更辛苦。順帶一提，遇到工程行休息的節日，如過年期間等，會導致工期延長，必須特別留意。

建議避開的季節

- 夏季與冬季。
- 清明節與過年。
- 梅雨與颱風季節。
- 家庭有活動時。

4 工期超過兩週，要找暫住處

如果動到用水空間，也可以找地方暫住

邊住邊翻修時，除了要忍受粉塵與噪音外，師傅們也會進進出出，讓人覺得難以保有隱私，有些屋主甚至會因此產生心理壓力。如果工期達兩週以上時，建議搬到短租套房，若是同一棟公寓有其他空屋可以租就更好了。

大型家當放不進暫時租屋處的話，可以租倉儲空間。此外，即使工程不到兩週，若是動工的範圍包括廁所、洗手區或者是廚房等用水的空間時，會有一段時間用水不方便，這時住在短租公寓會比較輕鬆。

順帶一提，通常因為業者方面的問題導致工期延遲時，租金會由業者負擔，但若延期是因為屋主額外提出想裝修的地方，當然就得自行負責。

暫時居住處

- ▶短租套房。
- ▶公寓、透天。
- ▶同公寓的空屋。

5 只改廚房或衛浴，怎麼邊修邊住？

廚房，做暫用流理檯；浴室，設置流動衛浴。

翻修廚房時，若只有更換設備，大多只要兩天至三天就能完成。但若要變更格局或大幅更動內裝，就必須花上好幾週。浴室如果只是改成整體衛浴，三天至一週就可以結束，但是若要現場施作，則得耗費一個月。

要邊住邊翻修的話，可以先將拆下來的舊廚房設備移至他處，打造出暫用的流理檯。浴室不能用的期間，可以設置流動衛浴（當然，這麼做會產生租賃費）。

廚衛的工期

- ▶廚房設備更換：2 天至 3 天。
- ▶換成整體衛浴：3 天至 1 週。
- ▶現場施作的浴室：1 個月。

6 我怕工程噪音會吵到鄰居

施工前，先和左鄰右舍打聲招呼，具體告知施工內容、時段與工期。

翻修時，建築物會因為拆除而造成噪音、晃動與粉塵，對左鄰右舍造成相當大的困擾（見下頁表）。雖說這些都是施工負責人必須留意的，但是業主也要細心一點才能避免糾紛。

首先，施工前必須先向鄰居打招呼，有時會由裝修業者的施工負責人單獨前往，有時業主會同行。

打招呼時，不妨帶清潔劑或其他伴手禮，並具體說明施工時段、工期與內容。此外，延長工期時也應立即告知，並於完工後再去通知兼打招呼，如此一來，日後與鄰居的往來也會較為和諧。

多為鄰居著想

- ▶和裝修業者的負責人一起找鄰居打招呼。
- ▶告知施工內容、時段與期間。
- ▶工期延長時也要立即告知。

施工中容易對鄰居造成的困擾

	施工內容	因應策略
粉塵	破壞外牆或屋頂的工程等。	施作時在外牆或屋頂覆蓋養生膠帶。
異味	外牆或屋頂的塗裝工程等。	散發異味時，要知會鄰居。
妨礙通行	拆除的廢棄材料、剩餘材料或者是施工車輛等。	在附近租借停車位停放自家車輛，並讓施工車輛停放在自家車庫，或是將自家車庫當作資材暫放處。

7 小規模改裝也需要簽約

口頭約定是糾紛之源，即使是小地方的裝修也要確實簽約。

我們時常看到因沒有簽約而產生裝潢糾紛的新聞，為了避免之後出現爭議，本書建議即使是再小的工程，都要簽約。

合約要有約定條款、設計圖、規格明細、報價單等文件。約定條款應包括工程延誤時、對第三者造成損害時、有瑕疵時的責任歸屬等重要事項。拿到合約後，可參考下方檢視表格。

☑ 檢視表

□ 工期

確認工期後，應詢問動工之前是否需要做什麼準備。

□ 承包業者

委託上門推銷的業者時，更應格外謹慎。若對方能出示公司的營業登記證明會更好。

□ 承包金額

要確認「承包金額」以外，是否還需要什麼額外的費用。

□ 附件

確認是否有約定條款、報價單等承攬契約以外的文件。

□ 付款方式

金額較高時，通常會分階段支付。

08 施工期間，寵物住哪裡？

為了避免後續糾紛，有在意的事情就應事前與業者溝通清楚。

如果邊住邊裝修，就要特別留意幼童與寵物的行動。若能事前告知施工負責人就能防範未然。

不只孩童或寵物，有任何在意的事情都應提出討論，讓業者有心理準備，假設之後碰到問題時，他們才能迅速提供應對的策略。

過來人的心聲

施工中拆除地板後，我家貓咪就躲到地板下面搗蛋，實在很傷腦筋……（三重縣，六十多歲，獨棟）。

第 6 章
施工前後注意事項

1 有空就到現場監督

要到現場監督，確認工程是否有按照進度。

開始翻修後，請帶著業者提供的施工進度表，實際到現場確認施工進度。

這時記得向師傅們打聲招呼，並注意別妨礙對方作業。翻修工程的進度通常會比建新成屋還快，因此，對工程步驟或使用的材料等有疑慮時，都可立即向負責人反映以利迅速解決問題。

過來人的心聲

由於翻修業者就在附近，所以對方幾乎每天都來監工並確認進度，令人安心（千葉縣，五十多歲，獨棟）。

我邊住邊翻修，所以事前請業者詳細解說工程的進行方式。多虧這一點，儘管有些不方便，整體來說還是過得去（福岡縣，四十多歲，獨棟）。

我收到施工期間的水電費扣款時嚇了一跳，沒想到人沒住裡面，還得繳這些費用（奈良縣，三十多歲，公寓）。

我們的公寓沒有客用停車場，所以就在附近租了停車場給工程車停放。最初根本沒料到這方面的花費（新潟縣，四十多歲，公寓）！

2 動工後，家具擺哪裡？

搬到沒有要施工的房間，或是利用自助儲物空間。

業主必須事前將預計施工空間的東西搬到其他房間。不過，這麼做可能會讓房間都滿到沒地方走路。若移動的東西數量過於龐大，可以找自助儲物空間等服務。

如果只是更換壁紙，大型家具可以放在原地，這時會用養生膠帶覆蓋家具，或是直接封住與隔壁房間的出入口，藉此防止粉塵附著或進入其他區域。所以請事前確認家具的移動程度，以及養生膠帶的貼設程度。

此外，師傅們會頻繁進出玄關與走廊，所以這裡要記得淨空，避免雜物影響動線。

3 臨時想變更內容，找窗口，而非現場師傅

直接拜託現場的師傅會造成混亂，請務必與業者的窗口商量。

動工之後，若臨時想變更裝修內容，會影響簽約時的金額與工期，所以請盡量避免。

儘管如此，假設在施工過程中，發現無論如何都想調整的地方，請找裝修公司的窗口商量。現場師傅都是按照施工負責人的指示作業，所以業主在現場插嘴，可能會造成混亂。

要加碼或**變更施工內容時，也要請對方提供報價單與施工內容變更同意書**，確認單據無誤後再繼續施工。

4 我要上班，怎麼和現場師傅打好關係？

可以事前提供購買飲料的費用，有些業者會婉拒業主提供茶點，所以請事前確認清楚。

為了避免專注力不足造成意外，施工期間，師傅有固定的休息時間。屋主可在師父休息時準備茶水、點心給他們，不過對上班族來說，這點很難做到，所以不妨一開始先表明「因為忙碌，無法準備茶水」，先拿錢給對方採購每天飲品。

不過，近年來有些業者會婉拒這些茶水，所以關於這方面的問題，建議先向裝修公司的窗口商量比較好。

5 別急著付尾款

和業者一起進行竣工檢查，確認完成的狀況。

施工完成後要展開竣工檢查，確認業者是否按照計畫施工。認同施工成果之後，住戶要簽收「施工確認單」等並支付餘額；如果施工有問題，就請對方修正後再次確認。

此外，也要聽業者解說設備的使用方法、保養方法與保固。收到的文件與圖面等都要仔細保管，如此一來，當設備出現狀況，或是下次要翻修時才能拿出來參考（常見的文件見左頁表）。

翻修工程中常見的文件

	文件名稱	內容
簽約前	報價單	明確記載翻修工程的內容與金額，若是標出「什麼工程」、「使用什麼材料」等細節更好。此外要仔細確認最終報價單，看是否增加或遺漏哪些項目。
簽約時	承攬契約書	翻修工程的承攬契約一式兩份，由業主與承攬業者各自保管。小規模工程的契約條款會較簡單。
	工程承攬約定條款	會與承攬契約書一併提出。上面載明發生糾紛時的責任歸屬等重要事項，必須一字一句看清楚。
	規格書	報價單容納不下的細項，包括建材、設備的品牌與型號等。
	設計圖面	伴隨增建、改建等格局變動，需要平面圖、展開圖、透視圖等圖面。若只是內裝重新鋪設或是更換設備等，幾乎都不會有這些圖面。
	討論紀錄	木製設備每 15 至 20 年、鋁製設備每 20 至 30 年，可考慮更換。
施工中	施工內容變更同意書	動工後才想變更施工內容時要用到的文件，明確寫出業主與業者協議好要進行的工程。
施工後	施工完成確認書	業者向業主報告完工一事，並藉這份文件向業主確認工程都按照契約進行。

第 7 章

裝修三件事：安全、安全、安全

1 老宅不耐震，如何避免倒塌？

提高地基強度後，藉由補強工程讓整體建築物形成均衡的結構。

中古屋不像新成屋擁有那麼好的耐震性，所以在翻修時，要以安全為第一目標。這時可考慮補強一樓。用金屬部件確實固定底座（見左頁圖），預防柱子脫離原本位置所造成崩塌。

此外，更換屋頂建材，減輕頂部重量也是一大關鍵。將陶瓦換成金屬瓦後，重量僅剩原本的十分之一，便能降低倒塌的可能性。如果原本的結構牆就有使用交叉支撐，可以再鋪設結構用合板提升牆面的強度，進而增加耐震性（見九十二頁圖）。

住宅全面翻修時，最理想的建築物平面形狀是凹凸較少的正方形或長方形，所以在建築物四角均衡配置承重牆，能平均分散負擔。順帶一提，**一樓與二樓的牆壁一致時，有助於提升耐震性**（見九十三頁圖）。

強化地基，提高耐震

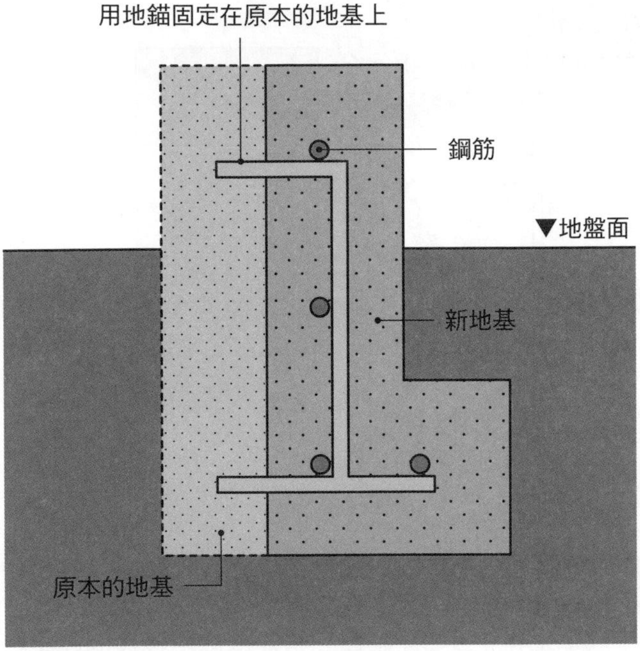

若原本的地基沒有使用鋼筋，就增設鋼筋混凝土，以強化地基。為了固定好底座，應在適當位置鎖入錨栓。

其他住宅防震措施

- ▶較高的家具都固定在牆面。
- ▶大型家電或家具都固定在牆面或是鋪設防震墊。
- ▶餐具櫃設置防震鎖扣。
- ▶玻璃可設置安全防護膜，防止碎裂玻璃飛散。
- ▶臥室與小孩房不擺放重物。
- ▶設置雨水收集器等。

[加強耐震的技巧]

增加交叉支撐或結構用合板

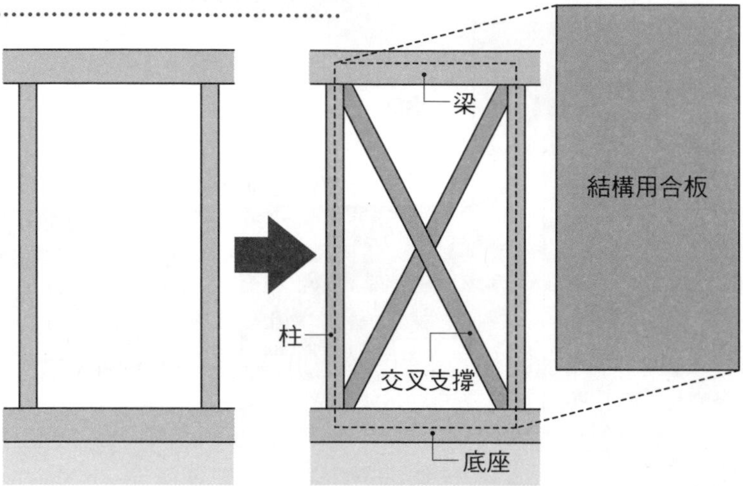

原本的承重牆沒有交叉支撐時，可以增設交叉支撐或結構用合板補強。同時做交叉支撐和結構用合板，可進一步提升強度。

底座、柱與交叉支撐等連接處，可以用金屬部件確實固定好；窗戶較多的建築物則可減少窗戶量，同時增加牆壁的數量。此外，也可在建築物四角設置承重牆。

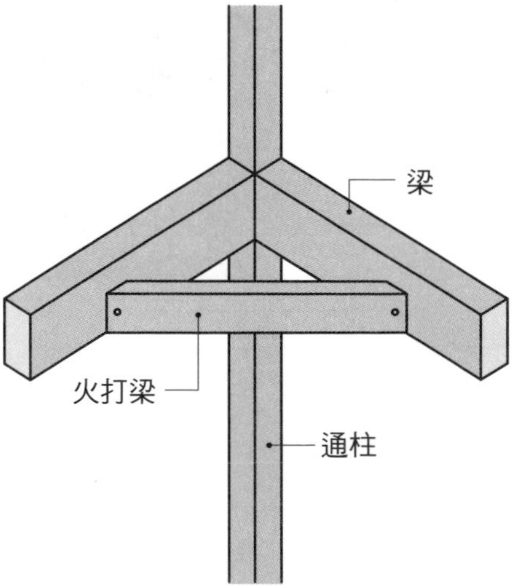

想要避免搖晃造成水平面的變形，可以在地板骨架或屋頂內側骨架設置斜向的補強材（火打梁），或在根太上方鋪設整面結構用合板。

不怕地震的建築物形狀

平面

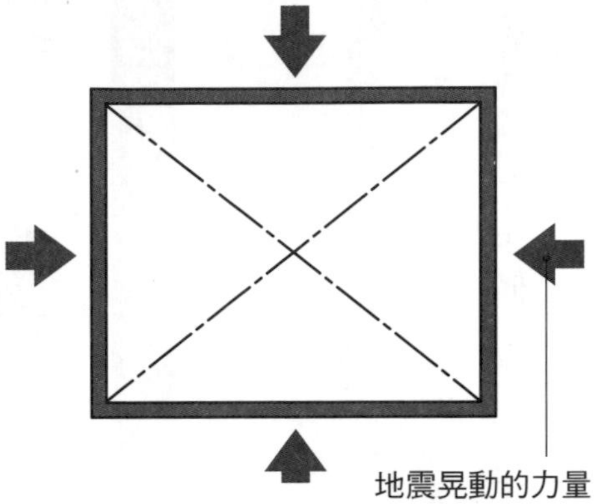

重心集中在一個位置的方形建築較耐搖晃。

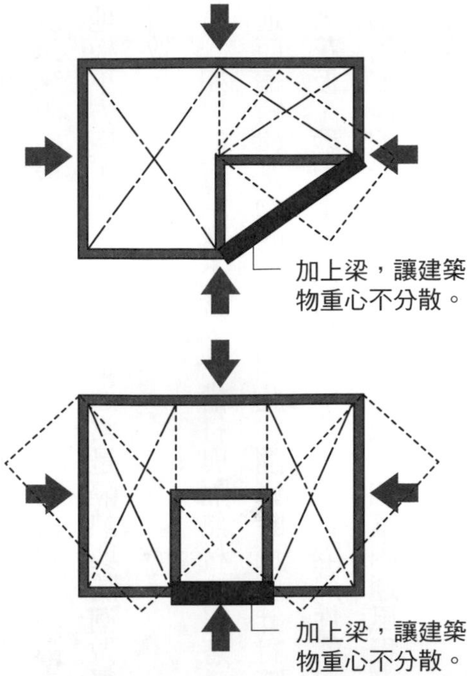

L 字形或ㄈ字形等較複雜的形狀，會分散建築物的重心，容易在地震時造成龜裂。這時可將梁柱銜接起來以解決重心問題。

立面

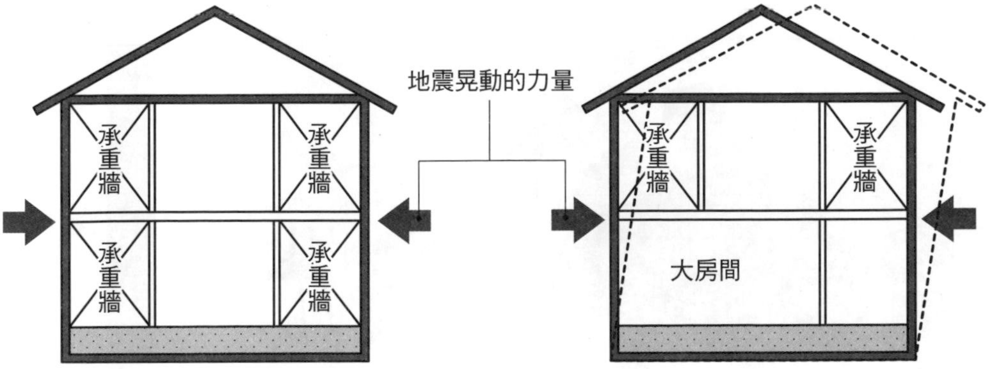

1 樓與 2 樓的承重牆位置相同時，耐震性較高。

1 樓有大房間的話，耐震性較差。

2 換雙層玻璃窗，預防結露

提升隔熱性，能避免牆壁內部或地板下方的內部結露。

住宅的結露分成兩種，冬天在窗戶上形成水滴的，稱為表面結露，有時也會發生在牆壁或天花板表面。**結露可能造成發霉或蟎蟲**，不僅建築物看起來骯髒，還可能讓住戶出現氣喘或過敏等症狀，對健康產生負面影響。

因為我們能直接看到表面結露，所以可及時處理，反過來說，最麻煩的是內部結露，主要發生在牆壁內部、地板下方與天花板內側，這通常是隔熱與防潮做得不夠所致。

如果放著結露不管，結構材與隔熱材會跟著受損，進而縮短建築物的壽命。因此，翻修時也要針對牆壁、天花板、地板下方與對外開口等，強化隔熱性能以遠離結露。搭配能調節溼氣的建材或增加室內通風程度，對預防結露也有一定的效果。

結露應對方案

提高牆壁與天花板的隔熱性能

在牆壁、窗戶、屋頂與地板下方徹底做好隔熱，才能減少戶外空氣中的水分影響建築結構。

增設內窗打造出雙層窗戶

在既有窗戶內側增設窗戶，能打造出比雙層玻璃更厚的空氣層，減緩室內外溫差造成的影響。使用樹脂材質還有助於防止窗框結露。

強化室內通風

改成通風的格局。沒有 24 小時換氣系統的老公寓，也可靠改格局來減少結露的發生。

換成雙層玻璃窗

由兩層玻璃組成，中間存在間隔層（空氣層），所以內側玻璃較不容易冰冷，可減少結露的發生。此外空調也比較容易達到理想溫度，進而節電。

使用可調節溼氣的建材

能調節溼氣的珪藻土或具有該功能的磁磚，都可以減少空氣中水分，預防結露生成。

結露機制

戶外氣溫較低時，室內卻因為暖氣而維持溫暖潮溼的狀態，牆壁與窗戶內側就很容易受到戶外冷空氣的影響生成水滴。

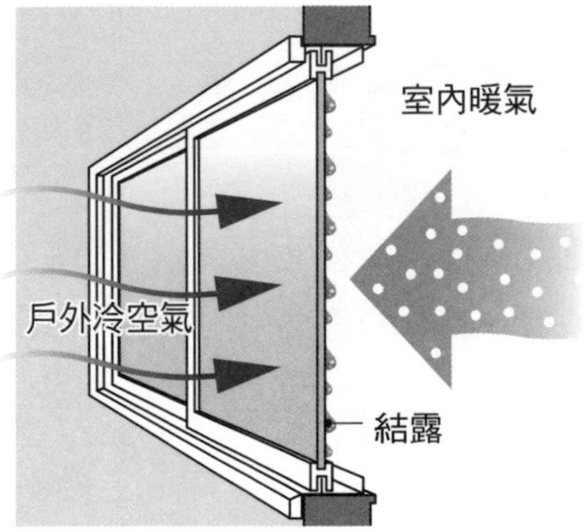

3 家有老人，廁所要裝扶手

為防止摔倒，可增設扶手或排除地板高低差。

住戶有中老年人時，可考慮增設扶手等簡易無障礙設施。在走廊、廁所與浴室裝扶手，除了能防止跌倒，還能讓高齡者方便行動。若之後需要使用輪椅，為避免扶手影響移動，到時候直接拆掉就好，重點在於按照現有需求決定是否裝設。

此外，拆除門檻，把所有空間地面調整成同高，也能降低跌倒機率。

翻修浴室時，則建議選擇整體衛浴。因為不容易打滑、無高低差的出入口、保暖性優良的空間等無障礙設計，都是整體衛浴的基本配備。

[無障礙方案]

走廊、階梯

- 設置照亮腳邊的燈光，方便晚上行動。
- 減少出入口的高低差。
- 設置扶手。

空調

- 家中維持一定溫度，以避免室內外溫差。

起居空間

- 明亮但不刺眼的燈具。
- 容易取物的收納空間。
- 離浴廁不要太遠。

廚衛空間

- 打造避免熱休克的溫暖環境。
- 去除高低差。
- 設置扶手。
- 地板用不易打滑的材質。
- 設計輪椅也方便使用的格局。

門窗

- 用開關與出入皆輕鬆的拉門。
- 選擇方便開關的桿狀門把。

CASE 1

改裝前

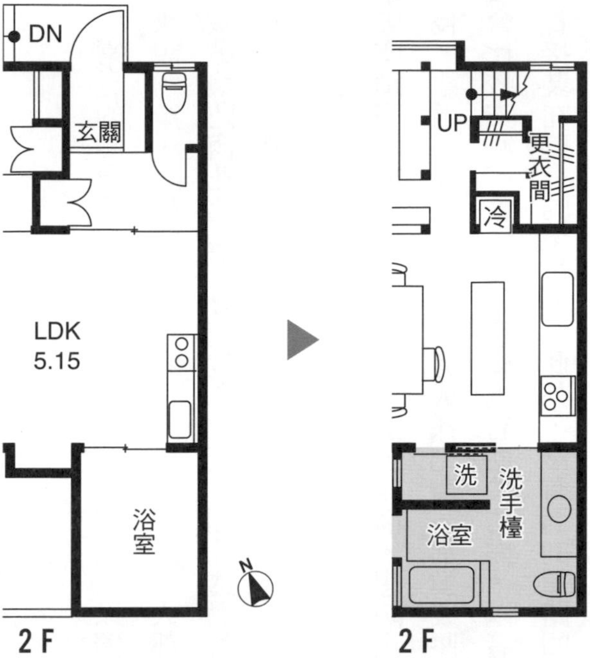

改裝後

LDK 依序為
客廳〔Living〕、
飯廳〔Dining〕、
廚房〔Kitchen〕。

本書平面圖上數字，
皆代表坪數。

翻修關鍵

三合一衛浴方便行動與照護。

洗手檯、馬桶與浴室都設在同一空間，且彼此間沒有高低差，就算坐輪椅也能輕易使用，有照護需求時也會較為方便（其格局平面圖，見上圖）。

Y 宅，設計／ Cle・Pa・Su（クレパス）設計室

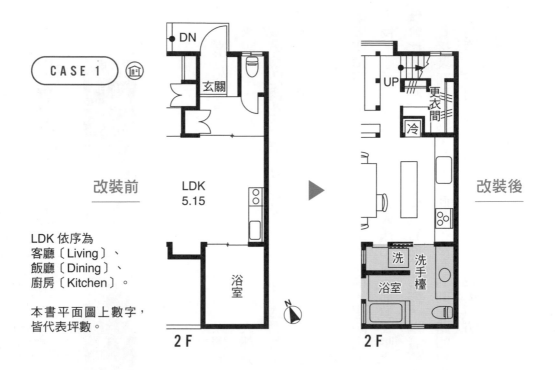

4 門窗，要有防盜意識

大門基本上要兩道鎖。窗戶則要搭配膠合玻璃與鐵窗，不要有死角也是一大關鍵。

常見的闖空門都是打破玻璃或撬開門鎖，以獨棟住宅來說，一、二樓的窗戶很容易入侵。據說，大部分的竊賊破壞門窗花超過五分鐘就會放棄，因此透過強化門窗，有助於預防小偷入侵。

從窗戶入侵的竊賊，通常是用螺絲起子或者是鐵鎚敲破窗鎖旁的玻璃，從該處伸手進去開窗。想防止這種入侵，建議把窗戶、玄關門旁或採光窗，都換成膠合玻璃會比較安心。鐵捲門與鐵窗也有助於防盜，兩者都可以直接裝在既有的窗戶外。此外，沒有面向道路的廚衛空間等，特別容易成為死角，請務必裝設這類防盜設備（見一〇〇頁至一〇一頁）。

實用小單元

展現高度防盜意識

有一種說法，是竊賊被看到臉或是被搭話，會立刻放棄闖空門，所以設置從道路可以看見房子的低圍牆、在住宅周圍鋪設礫石、設置有人就會亮的感應燈等，讓竊賊感受到住戶很重視防盜也很重要。

5 低樓層怎麼防盜？

窗戶與玄關都要盡力做好防盜，低樓層住戶要注意小偷可能從陽臺入侵。

設有自動大門鎖或有管理員在的公寓、大樓住戶，容易忽視防盜問題。舉例來說，低樓層的陽臺若有竊賊可以藏身的地方，他們就可能從窗戶入侵，還有竊賊光明正大的到高樓層，從玄關直接進入某住家。所以請透過翻修，改善並加強措施來防盜。公寓住戶無法自由改裝窗戶外框等共用部分，但仍可確認管理規約或詢問管委會，是否可改裝成膠合玻璃。

公寓要防盜的話，還可以在窗玻璃貼防爆膜，以增加破壞玻璃的難度，此外，為了避免竊賊透過信箱或是特殊工具鑽孔來開鎖，建議裝設輔助鎖或是為門鎖加蓋。

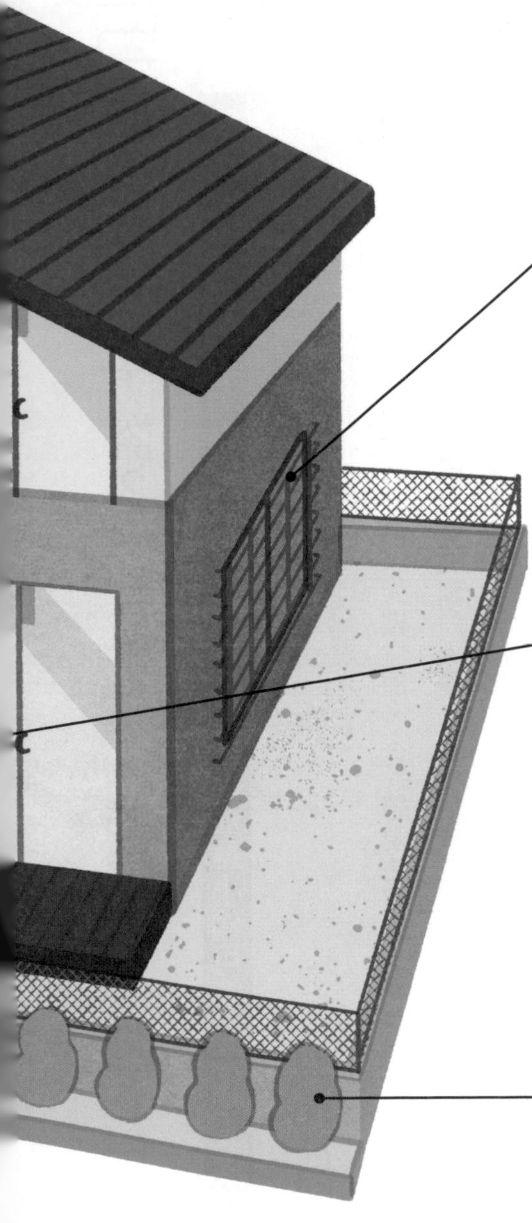

窗戶

- 避免遮蔽道路側的視線。
- 使用膠合玻璃。
- 設置可以鎖死的半月鎖或輔助鎖。
- 裝鐵捲門或鐵窗。

玄關

- 避免遮蔽道路側的視線。
- 玄關門與後門都要設置兩道鎖。
- 使用較不容易撬開的門鎖。
- 採光用玻璃要設計成就算敲破也不容易伸手開鎖的結構。
- 設置監視器或是附螢幕的門鈴對講機。

庭院、外圍

- 鋪設走路時會發出聲音的礫石。
- 適度修剪植栽讓外人可看見狀況。
- 窗邊不要擺放可踩腳的東西。

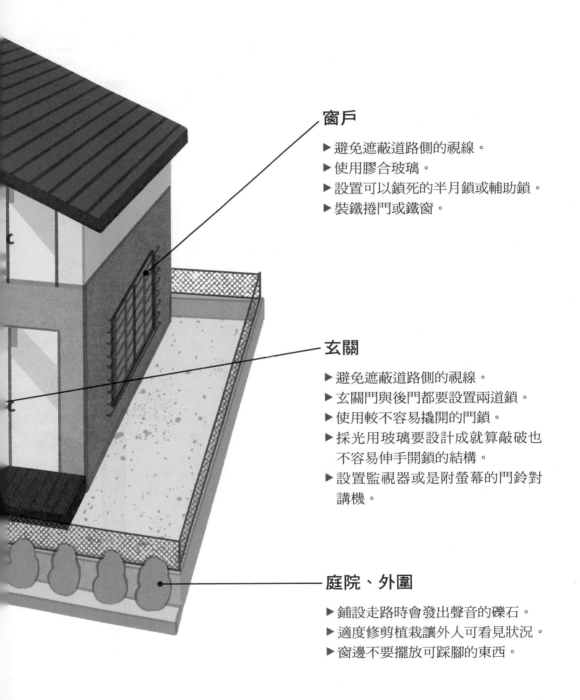

防盜方案

陽臺

▶設置格柵等讓人可看見狀況。

▶避免讓人可以透過縱向雨水管或扶手等攀上陽臺。

圍牆

▶高度的視覺通透度。

▶不要設得太高，避免竊賊藉此爬到樓上。

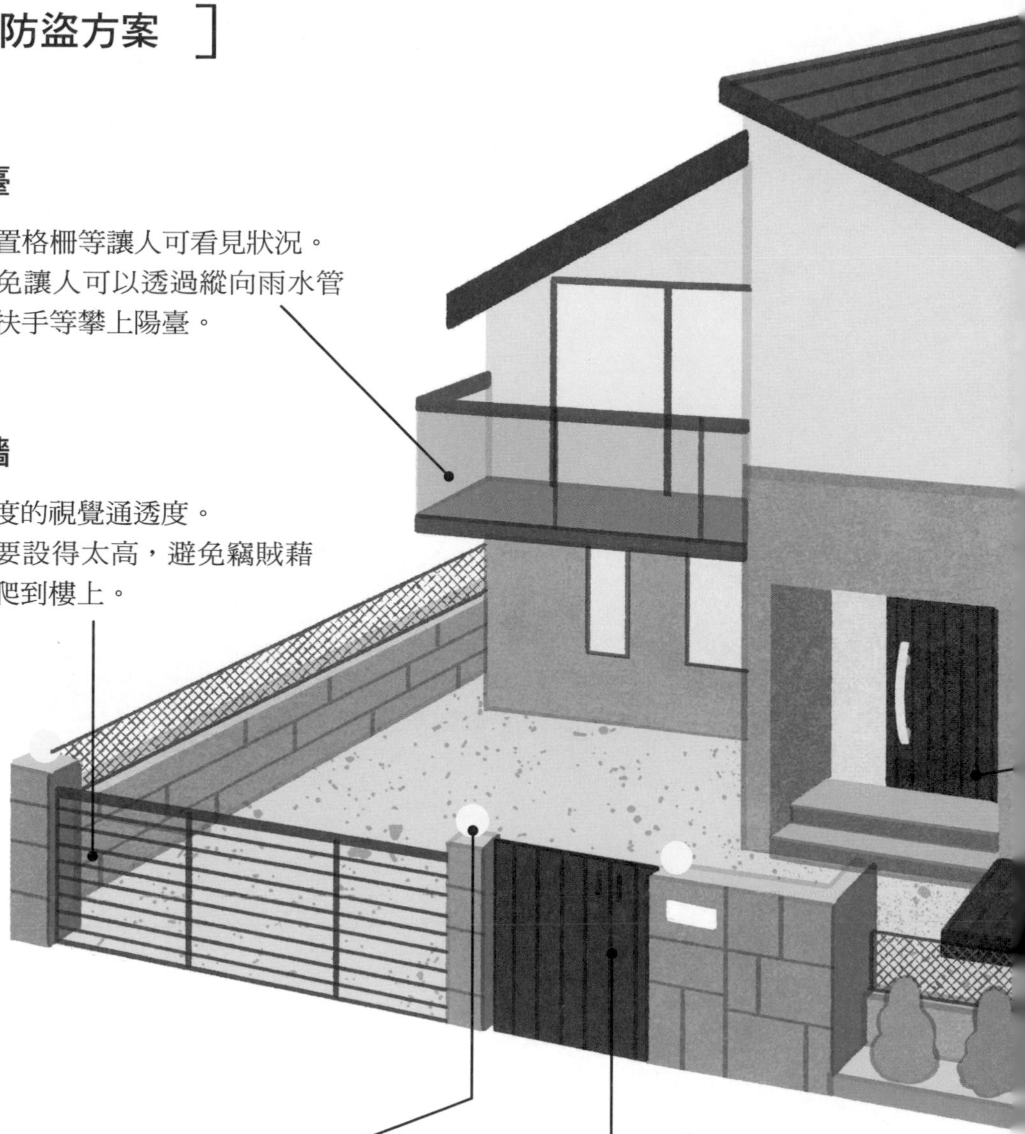

戶外燈

▶裝設有人經過就會亮的感應燈。

外部門

▶選擇不易從外部入侵的結構。

▶增設門鎖。

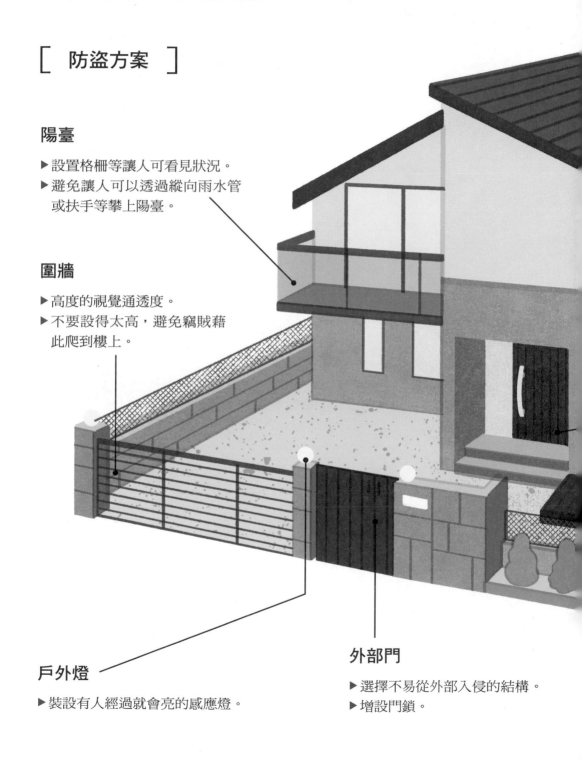

第 8 章

溫度、空氣品質，都要列入考慮

1 通風的關鍵，窗戶

除了規畫出強化通風的窗戶外，也要考量到空氣的流動。

通風的關鍵在於窗戶設計。窗戶不僅讓光照進來，還能讓空氣流動。想改善家中通風問題，就需要「能召喚風的窗戶」，及讓風得以離去的窗戶，且設在同一對角線上為佳。難以實現的話，也要盡力錯開這兩扇窗戶。至於窗戶位置難以更動的公寓大廈，則可盡量將內裝換成白色，透過反射光確保空間明亮。

拆掉推開門，改裝可以直接開著的拉門等（見左頁圖），或在隔間牆上側開洞，都有助於改善家中的通風。設置室內窗時選擇可以開關的類型，就可以同時提升採光與通風（其他改善通風方式見一〇六頁至一〇八頁圖）。

CASE 1

翻修關鍵

為臥室打造兩個出入口，風能順利流通。

臥房設立左右兩扇拉門，讓人可以從兩側進出，不僅方便，通風效果也相當優秀。考量到結構需求所留下的牆壁，則嵌設玻璃以強化採光。

K 宅，設計／ YUKUIDO（ゆくい堂）

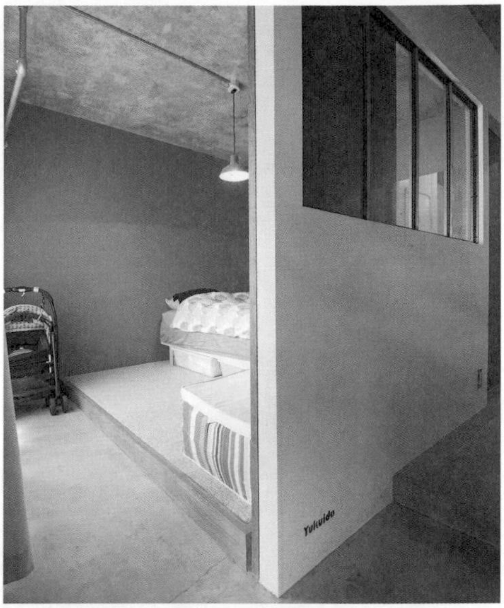

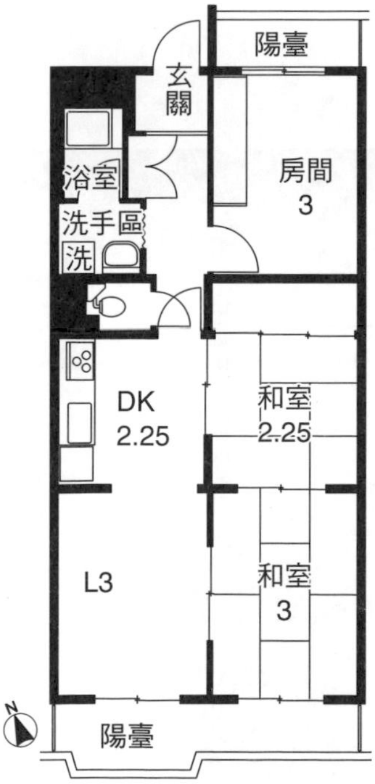

改裝前

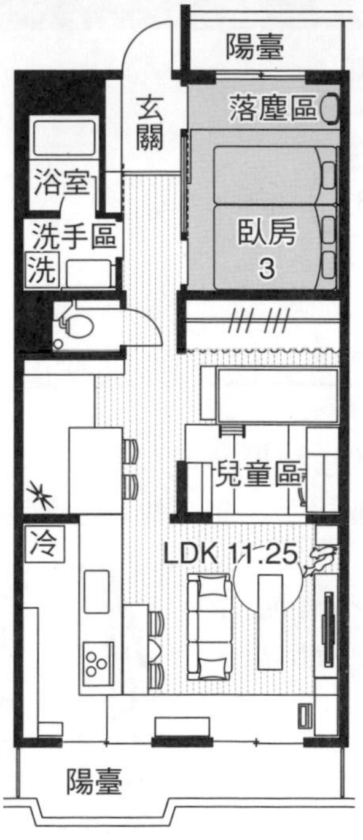

改裝後

CASE 2

翻修關鍵

上掀窗，臥室不悶。

臥室與客廳之間的隔間牆，設置可開關的室內窗。設計在牆壁上方的橫長型窗戶，可以兼顧隱私與通風性。

F 宅，設計／ FILE

CASE 3

翻修關鍵

讓光線穿透至樓下的挑空區。

通風良好的樓梯間挑空設計。在階梯單側設置木製扶手，讓光線能透過大窗戶灑至樓下。

Y 宅，設計／ Cle·Pa·Su（クレパス）設計室

CASE 4

翻修關鍵

改成可以南北通風的格局。

LD 的出入口沒有門，與走廊空間融為一體。不僅光線能從南側客廳通往北側玄關，連風都能直線貫穿。
T 宅，設計／ KURASU

CASE 5

翻修關鍵

增設可以開關的天窗，有光又能排熱。

位在西北側的 DK，透過翻修增設可開關的天窗，到了夏季，天花板一帶的熱氣可就以從此處排出。

M ＆ K 宅，
設計／ Hand made home（香川建設工業）

CASE 6

翻修關鍵

打開牆壁的上側，使其成為風的通道。

洗手區與 DK 的隔間牆，採用上方開放式設計。打造出讓 DK 窗戶吹入的風，能通往洗手區窗戶的通道。冬天 DK 的暖氣也可以溫暖洗手區。

M ＆ K 宅，
設計／ Hand made home（香川建設工業）

2 夏天要涼，冬天不能冷

提升隔熱性能，並針對熱氣容易出入的門窗多下工夫。

隔熱的實際做法依建築物狀態而異，不過最理想的方法是更換性能更好的隔熱材，也要補足隔熱材不足的位置，若整棟住宅都能均衡隔熱，便可降低住宅內外溫差（其方法見下頁圖），如此一來，不但住得更加舒適，還能減少結露發生。

屋齡超過二十年的獨棟住宅中，有些地方沒確實使用隔熱材，所以請先找專家確認現有的隔熱狀況比較好。

而公寓也可以透過翻修工程，在會接觸到戶外空氣的牆面內側或天花板設置隔熱泡棉。此外，也必須針對熱氣容易出入的開口提升隔熱性能。除了連同窗戶外框一起更換外，也可以僅更換玻璃或是增設內窗（其方法見一一一頁圖）。

地板、牆面和屋頂都要隔熱

獨棟住宅

❶ 地板、牆壁與天花板的隔熱。

❷ 窗戶的隔熱裝修。

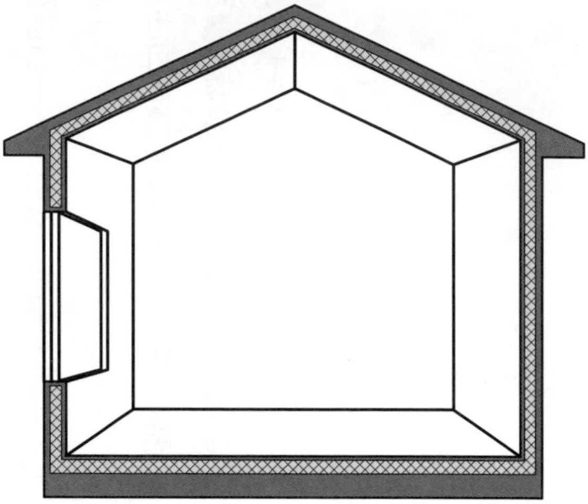

〈隔熱材的配置方法〉

如果只在局部設置隔熱材，效果薄弱。所以本書建議徹底在地板、牆壁與屋頂內側等增加隔熱材，密度越高，效果越好。

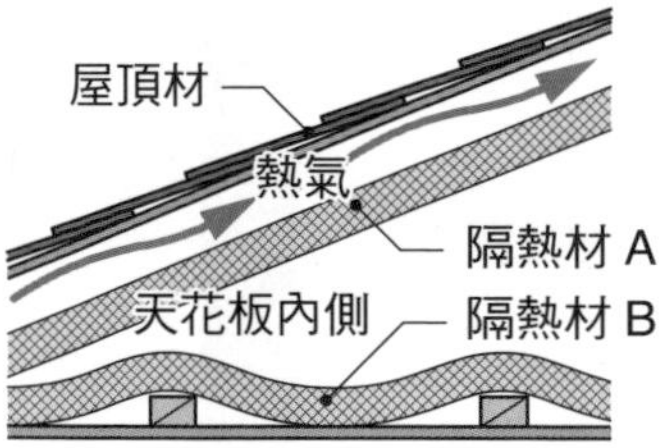

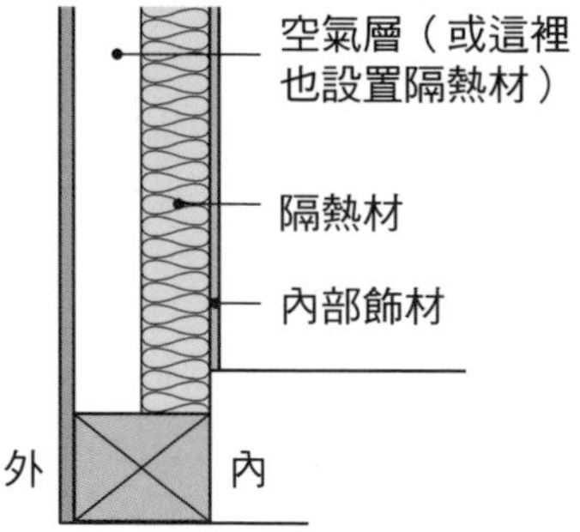

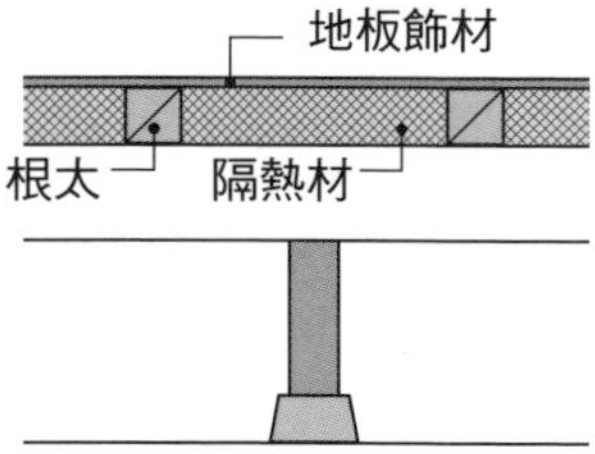

天花板

相較於強化天花板正上方的隔熱材 B，直接在屋頂材下方增設隔熱材 A，讓熱氣隨著屋頂內側的通風離開，會比較有效。

牆壁

在外牆內側設置隔熱材，比較不容易受到戶外空氣影響。這時要特別留意的是避免隔熱材脫落。

地板

撤除地板飾材後，在根太之間設置隔熱材。趁地板翻修時一起動工，會比較有效率。

公寓

❶ 增設內窗。

❷ 在室內側增設隔熱材。

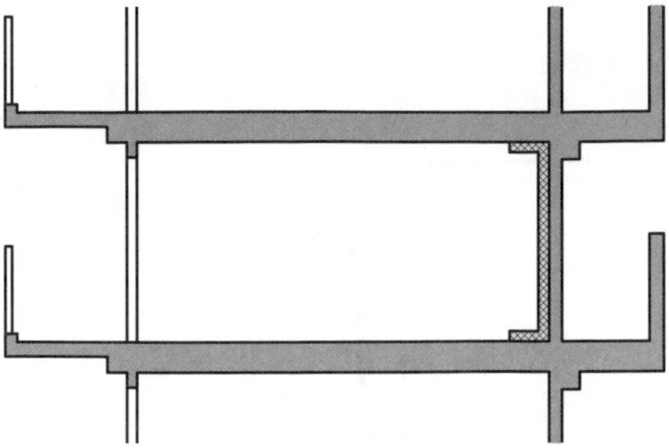

〈開口部的隔熱方法〉

獨棟住宅可以透過翻修改變或更換窗戶位置與尺寸，兩種方法都有助於提升隔熱性能。公寓不可以更換窗戶，不過可增設內窗。

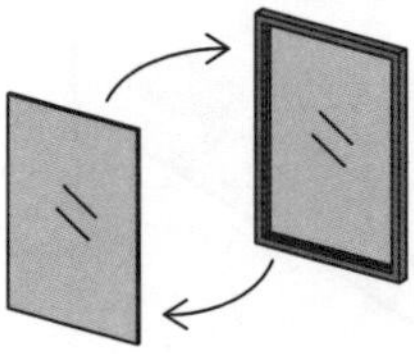

僅更換玻璃

從單層玻璃改成雙層玻璃，能大幅提升隔熱效果。另外，有些產品的兩層玻璃採用隔熱與阻擋熱輻射功能俱佳的 Low-E 玻璃（按：利用玻璃上的鍍膜層，阻擋太陽的熱輻射）。

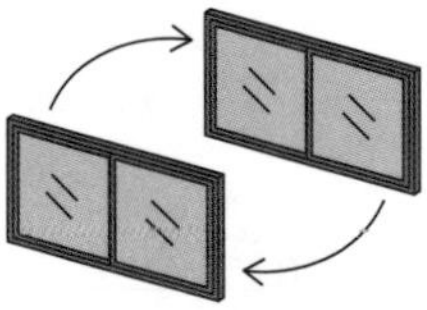

連窗戶外框一起更換

窗戶內外框的材質也很重要，木製內框與樹脂內框價格高於鋁製，但隔熱性能較高，也較不易發生結露。

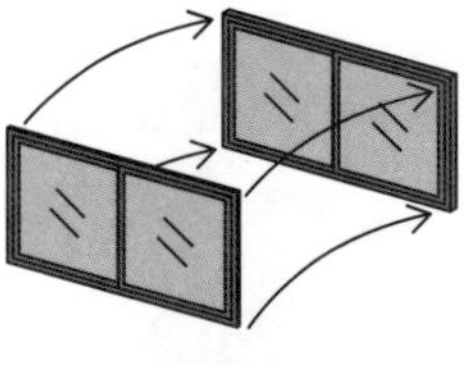

增設內窗打造雙層窗戶

除了內窗本身的隔熱效果外，也會與原本窗戶之間產生空氣層，不但能隔熱還可防盜與隔音。

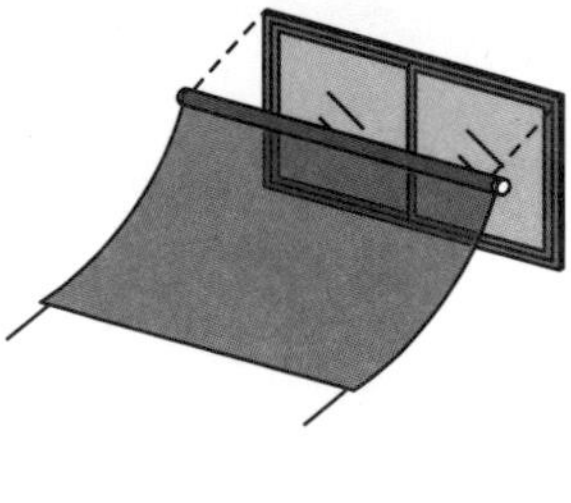

外側增設捲簾

能更有效阻隔夏季強烈日光，避免熱氣傳入之外，也可以反射熱氣。不僅讓生活更舒適，還能避免過度使用冷氣，兼具節電效果。

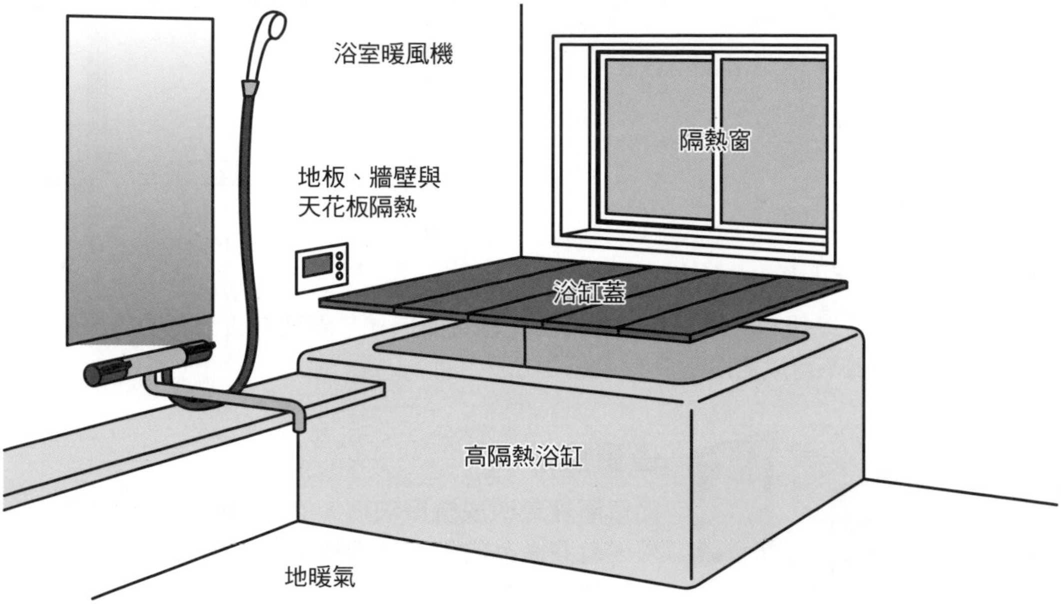

浴室隔熱

上圖為傳統工法的浴室規畫，為了避免浴室與起居空間的劇烈溫差引發熱休克，也要考慮提高浴室隔熱效果。

除此之外，還可運用保暖與隔熱性能俱佳的整體衛浴。

3 格局對了，電費就不貴

不必裝設昂貴的設備，只要在格局與材質多下工夫，就能夠節能。

若不想依賴電器設備，可以考慮被動式設計（按：順應自然界陽光、風力、氣溫等的建築方法，提供人們可負擔且舒適的環境，也減少建築在能源上的消耗）。

舉例來說，為了改善通風而將窗戶設在對角線上（見下頁圖），或打造出隔間牆較少的簡約格局。也可以設置強化採光的門窗，讓光線在冬天時也能照進房間深處。這些巧思有助於節省冷暖氣與燈具等的運作成本。

設有較深的屋簷可以阻擋夏季的直射陽光，並預防門窗或外牆的劣化。若無法設置屋簷，裝遮陽棚也可以節省冷氣電費。據說遮陽棚的遮陽效果約為百葉窗或佈簾的九倍。材質方面選擇空氣含量較多的松木材，則有助於維持地板溫暖（其餘被動式設計案例見一一五頁至一一六頁）。

打造成通風良好的格局

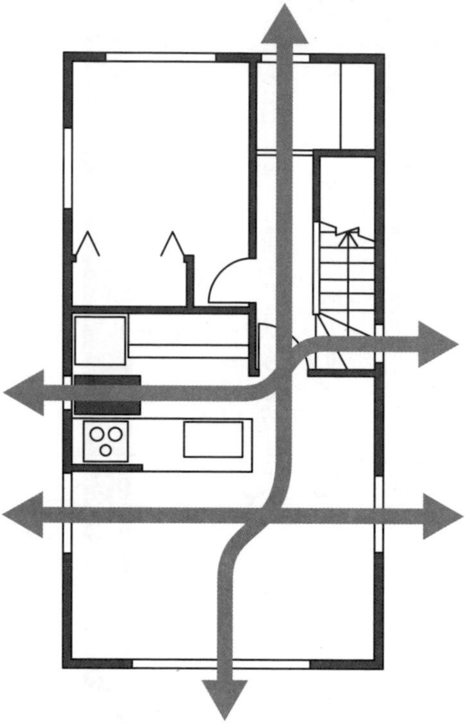

在家中建造風容易流動的通道。

除了規畫出有助於空氣流通的窗戶外，還可以省下出入口的門或是改成拉門等，藉此讓風得以貫穿。

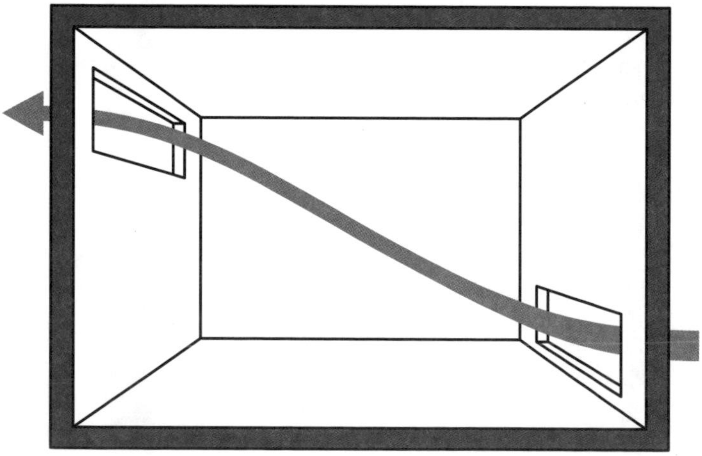

兩扇窗為一組，設在彼此的對角。

窗戶的基本規畫是要有風的入口與出口，若是分別位在對角線上且一上一下，就可以讓風從低窗吹往高窗，讓整個房間都變得涼爽。

CASE 1

翻修關鍵

提高開口的隔熱性並確保通風。

（左）DK 西北側的窗戶採用雙層內框加上雙層玻璃，提升隔熱性。內側窗框是熱傳導性能較低的樹脂製，戶外側則是耐候性較高的鋁製。

（右）容易有溼氣悶住的洗手區，則採用有兩層玻璃的百葉窗。

M & K 宅，

設計／ Hand made home（香川建設工業）

CASE 2

翻修關鍵

設置猶如綠色窗簾般的涼棚。

涼棚不僅能遮蔽直射陽光，還能避免室內溫度上升。

H 宅，設計／ Atelier GLOCAL（アトリエグローカル）一級建築士事務所

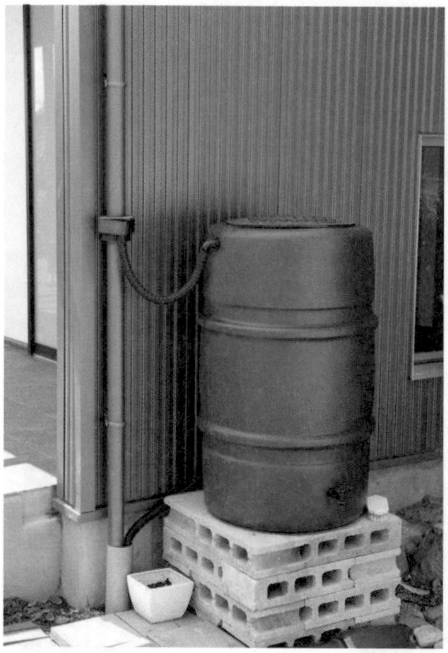

CASE 3

翻修關鍵

收集雨水灌溉庭園。

設置英國 Harcostar 的雨水收集器，將雨水用來澆灌庭園的花草。這個設備能透過雨水管收集 227 公升的雨水，節水效果卓越。

H 宅，設計／ Atelier GLOCAL（アトリエグローカル）一級建築士事務所

（門拉出來）

（門收進牆內）

CASE 4

翻修關鍵

隔開玄關與 LDK，避免暖氣流失。

為了避免室內暖氣從玄關流失，可在玄關與 LDK 之間設置可收進牆內的門。並使用半透明的聚碳酸酯以確保採光。

H 宅，設計／ Atelier GLOCAL（アトリエグローカル）一級建築士事務所

第 9 章

室內設計強，
小家也能越住越大

1 恢復成毛胚屋，管線能重拉

拆除隔間牆恢復成毛胚屋，就能自由打造喜歡的格局。

翻修時，刪減房間數量其實比增加還困難，因為拆除隔間牆等工程既費事又花錢。

儘管如此，若仍想要寬敞空間，本書建議拆除所有隔間牆，也就是拆除所有內裝，讓空間恢復成毛胚屋的狀態（見左頁圖至一二一頁圖）。如此一來就可以統一整個家的設計，還能重新規畫格局，生活型態出現劇烈變化時，很適合做這樣的翻修。

恢復成毛胚屋後，有一個好處是可以檢查結構體的狀態，輕易更換老舊的管線。這時可以按照生活需求調整甚至增設插座與開關的位置。雖然公寓的廚衛空間可移動範圍有限，但仍可找窗口商量看看。

[毛胚屋翻修方案]　CASE 1

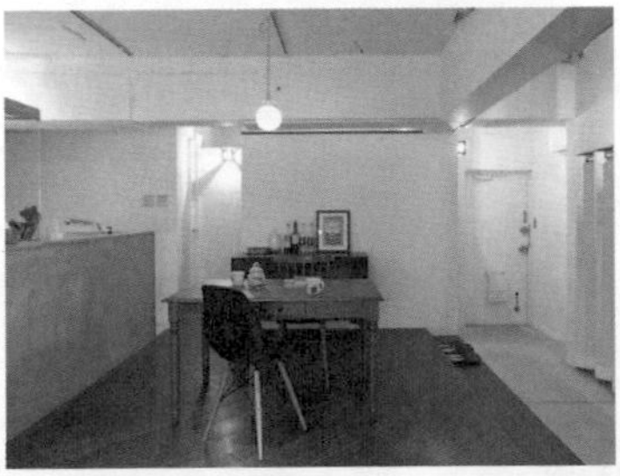

翻修關鍵

1. 減少隔間牆，活用往南北向延伸的空間。
2. 藉由地板高低差營造出空間層次感。
3. 色彩搭配與設置木地板，為寬敞空間打造視覺焦點。

昏暗封閉的廚房改成開放式，再搭配和室打造出洋溢開放感的 LDK。拆除與走廊之間的牆壁，讓玄關、廚衛都變開闊。起始於玄關的落塵區與餐廳之間設置地板高低差，自然而然劃分界線。

M 宅，設計／ Eight Design（エイトデザイン）

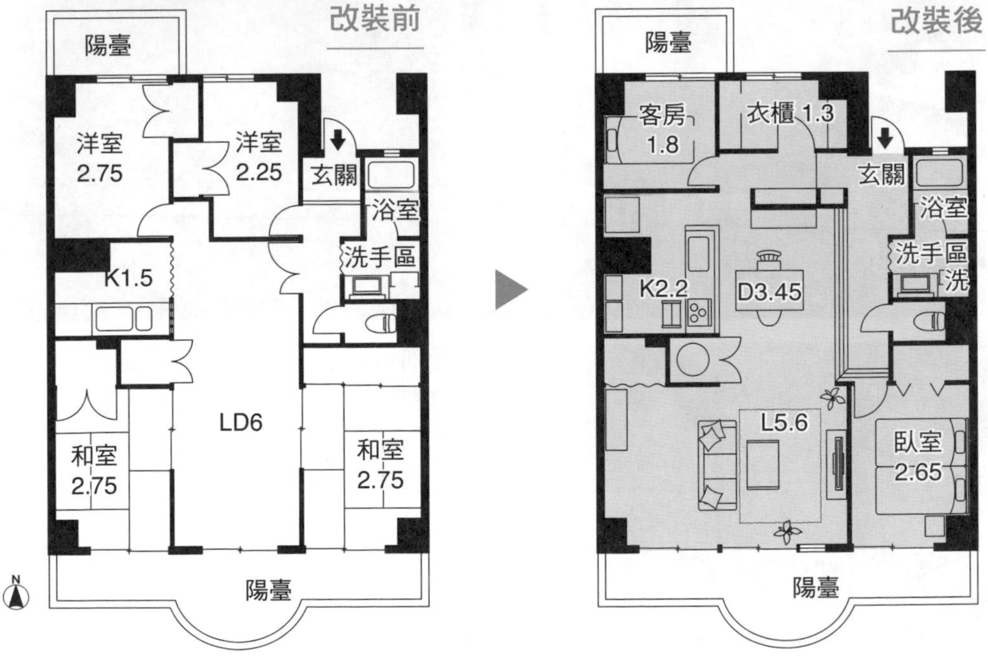

CASE 2

翻修關鍵

1. 藉由毛胚屋翻修打造簡約一室空間。
2. 將階梯設在客廳以縮短動線。
3. 針對窗戶位置與尺寸多費工夫，在遮蔽視線之餘保有採光。

翻修毛胚屋的優點

▶可以變更整體格局。
▶可以統一設計。
▶可以確認結構體的狀態。
▶可以更換老舊管線。

（上）受到木質欄杆圍繞的木板露臺，銜接了新設的客飯廳。只要打開窗戶，就能在客飯廳享受充滿開放感的舒適生活（其格局見左頁平面圖）。

（下）臥室也改成開闊的一室空間，深處設有藏書間、衣櫃室。日式格子窗是原本就有的，這裡在翻修後繼續沿用。

G 宅，設計／ Style 工房（スタイル工房）

改裝前

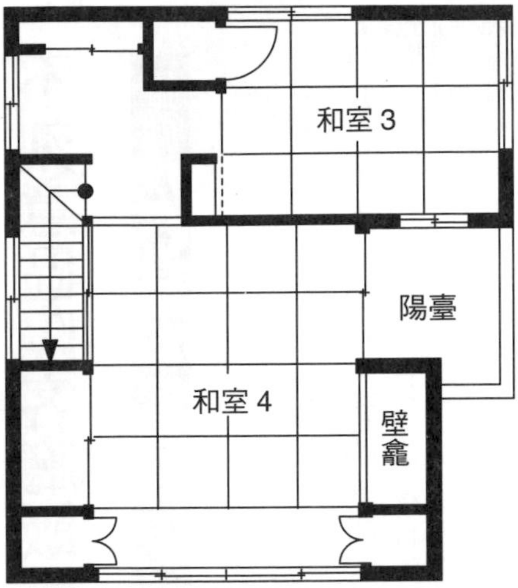

2 F

改裝後

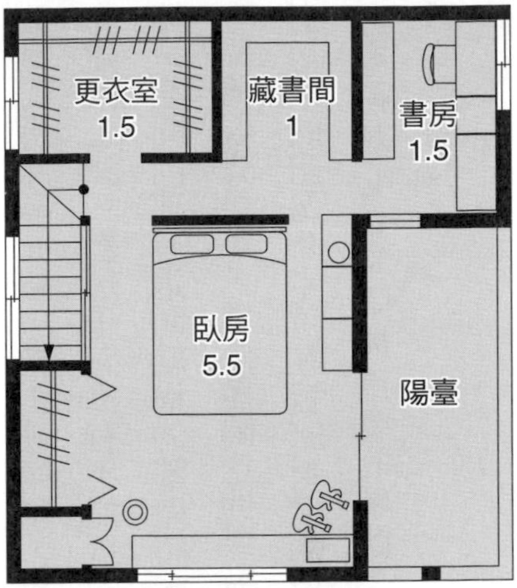

2 F

改裝前

1 F

改裝後

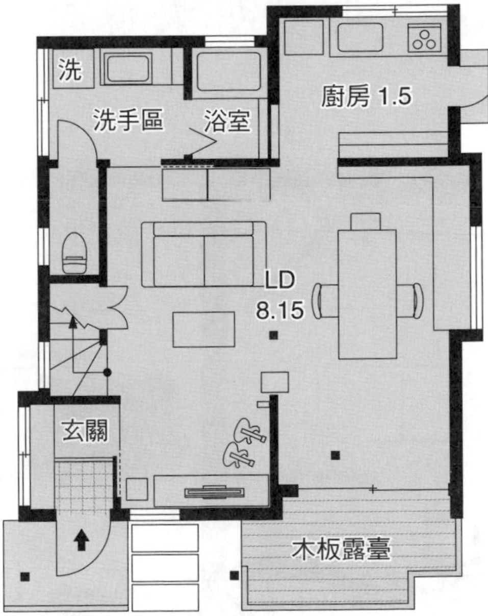

1 F

2 不刻意區隔客廳飯廳

推薦沒有隔間的一室空間，或是以廚房為中心的格局。

LDK是家人會聚在一起的場所，若想增添舒適性，將其打造成充滿開放感的一室空間是比較簡單的方法（見左頁、一二四頁圖）。將旁邊不太好用的和室融入LDK（見一二五頁圖），或是將獨立型廚房改成開放式，都有助於確保寬敞感與明亮度。

公寓可拆除隔間牆，施工較簡單，獨棟住宅則要事前確認建築工法，看房子有沒有不能拆的交叉支撐的承重牆等。空間內部有這類結構的牆壁時，不妨將其視為整體空間的視覺焦點，當成區隔空間或裝飾架等使用。

老房子的廚房多半位在昏暗封閉的位置，這時將廚房舒適度視為LDK中最重要的環節，就能打造出使用滿意度很高的住宅。

客廳加寬

CASE 1

翻修關鍵

以開放式廚房為主角，形成寬敞的 LDK。

如下方圖所示，打掉其中 2 間房與原本的廚衛空間，改成寬闊的 LDK。設計時以廚房為中心，將廚房配置到能環顧整體 LD 位置。

F 宅，設計／ IS ONE Reno*Reno（アイエスワン リノリノ）

改裝前

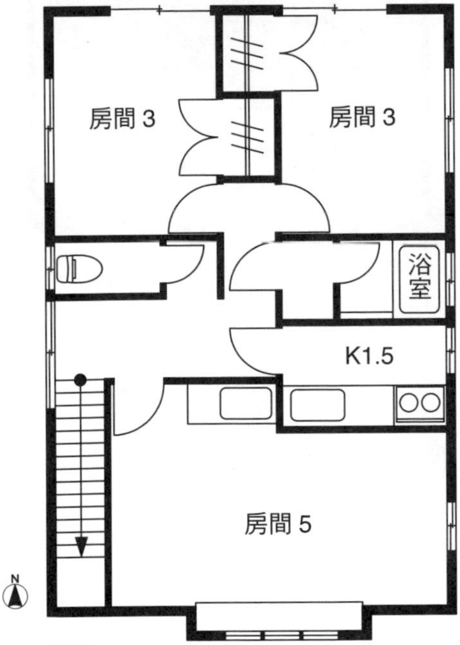

2 F

改裝後

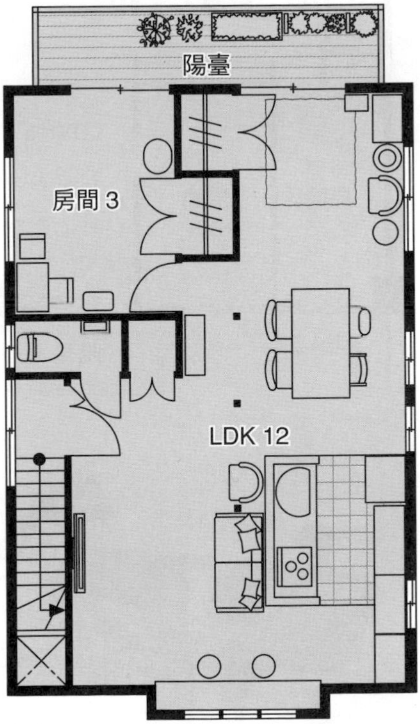

2 F

CASE 2

翻修關鍵

拆掉房間，就能做開放式廚房。

請看下方圖，該住宅拆除其中 1 間房以拓寬空間，並把廚房挪到中央，使 LDK 呈現開放式格局，讓人一踏進玄關就能感受到開闊感。

W 宅，設計／ SUMA SAGA 不動產（スマサガ不動產 ）

改裝前

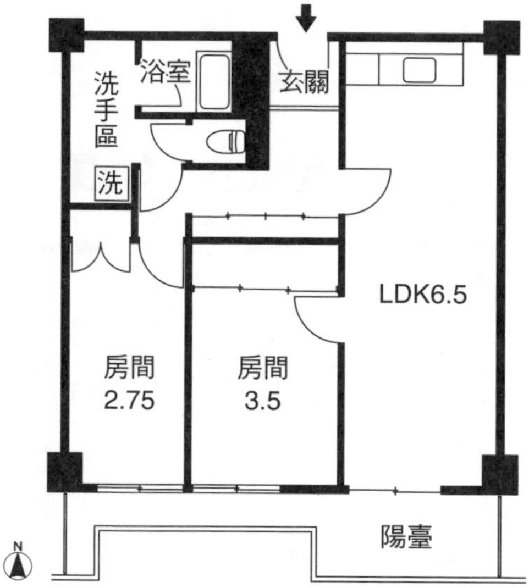

改裝後

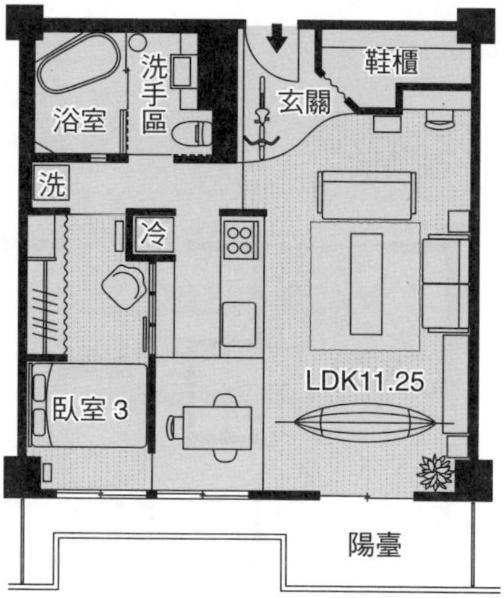

CASE 3

翻修關鍵

拆牆壁，不加門板，享受室內外景色。

拆除獨立型廚房的牆壁，形成9.5坪的LDK。在與工作房的隔間牆設置窗戶，出入口不加門板，讓空間更顯寬闊。

K宅，設計／WILL空間設計（ウィル空間デザイン）

改裝前

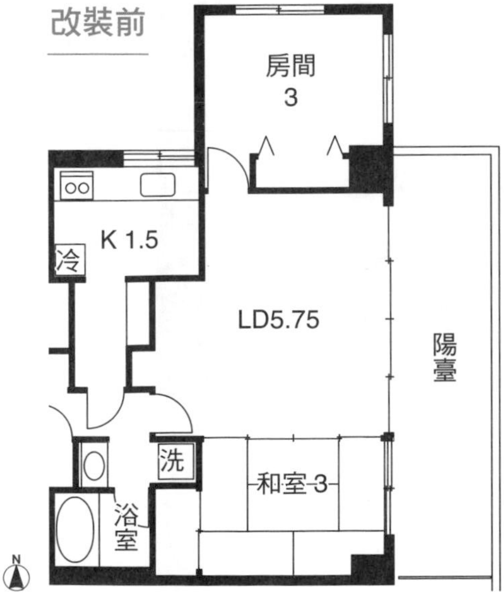

改裝後

3 但在客飯廳交界放收納架

藉矮牆或開放式收納架劃界，讓家人感受到彼此存在的同時也能消弭封閉感。

想要消除LD的狹窄感，拆除隔間牆打造成一室空間就很有效，但是想在追求寬敞感之餘又保有空間界線的話，可以在LD設置翼牆、矮牆或開放式收納架（見左頁上圖）。

除此之外，地板高低差的錯層式設計、將LD以L字形的方式配置在對角線上等方式，不會完全切割空間，有助於消弭封閉感，讓家人感受彼此存在，同時保有適當距離（見左頁下圖）。

除了LD，客廳與相鄰的房間、工作區不要用牆壁完全區隔，施以緩和的空間銜接（見一二八頁圖），就能避免各區域產生狹窄感，家庭成員也能留意彼此的動靜。

實用小單元

開放式格局要留部分牆壁

客廳與餐廳之間沒有隔間的開放式格局，因為能享受開放氛圍而大受歡迎。但是過度開放會令人沒安全感，同時失去很多適合擺放家具的位置。因此在規畫格局時，要考慮家具位置和牆壁，才能兼顧舒適度與居住便利性。

[拆除隔間，消除壓迫感]

CASE 1

翻修關鍵

開放式收納架讓光與風通行，緩和空間。

將鄰接的和室攬入 LD，拓寬整體空間感。中央設置開放式的收納架，即可在無損開放感的情況下為適度分區 LD。

M 宅，設計／ IDÉE（イデー）

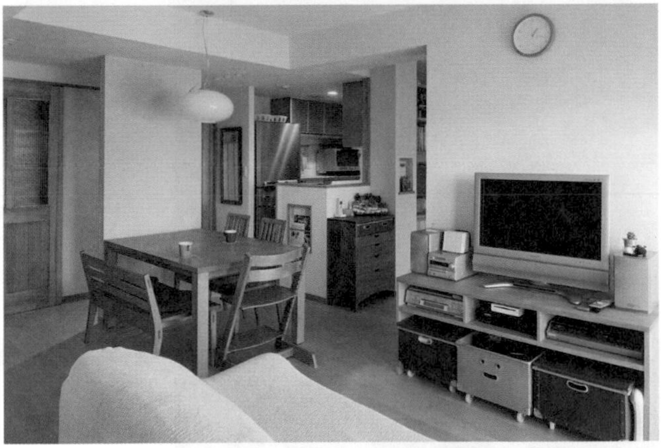

CASE 2

翻修關鍵

工作區不需要用牆完全隔開。

兩側開放的隔間牆切割了前方 LD 與深處工作區。如此一來，可自在的做自己的事，並注意家人狀況。

T 宅，設計／ OKUTA LOHAS studio

CASE 3

翻修關鍵

用格柵來區分空間。

將原本是外緣走廊的空間改成工作區域，用格柵來區分客廳，讓家庭成員能透過格柵感受到彼此。

K 宅，設計／明野設計室一級建築士事務所

CASE 4

翻修關鍵

透過高窗傳遞光線與氣息。

客廳與臥室的牆壁上方設有高窗，除了較能留意其他人的動靜外，兼具採光的效果。

F 宅，設計／ nu renovation（nu リノベーション）

4 小房也能有大餐桌

建議設置與廚房工作檯合而為一的橫長型餐桌。

乾脆省掉設置沙發的客廳，以餐廳空間為主的格局，也是打造寬敞居家空間的方法之一。

最近很多人都想在家中享受做料理與用餐的樂趣，因此以飯廳與廚房為中心的格局很受歡迎。在住宅正中央配置廚房工作檯，以及相連的大餐桌，不僅可以有效運用空間，端菜與收拾等的動線也會輕鬆許多（見下頁圖）。這種格局能容納夫妻、親子、朋友等多人一起做菜或用餐。

家裡有一張大的餐桌，除了用餐後可以在這裡放鬆一下之外，孩子也可以在這邊畫畫、讀書，大餐桌也很適合居家工作、做點手工藝等。

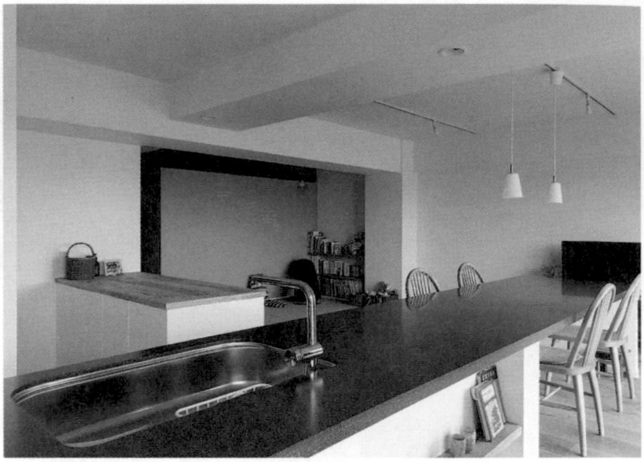

CASE 1

翻修關鍵

DK 空間大，能享受邊煮邊吃的樂趣。

在朝南的窗戶大膽設置餐桌兼廚房工作檯，只要橫向移動就可以完成調理與收拾，相當方便。

F 宅，策畫／ ReBITA（リビタ）

改裝前

改裝後

5 最時髦的內裝：室內窗

室內窗除了能傳遞內、外光，還能成為室內的視覺焦點。

室內窗可以把光和風帶到與採光和通風無緣的空間。除了位在深處沒有對外窗的房間外，在面向走廊或洗手區的牆壁設置室內窗，能打造出明亮舒適的空間。若室內窗設在面向ＬＤＫ的小孩房牆壁上，則能在廚房邊忙邊確認孩子的狀況，令人安心。

室內窗被視為時髦的內裝要素而大受歡迎。不論是可以開關的橫拉窗或推開窗，還是不能開關的固定窗，都可以靈活運用在自家設計上。所以請按照要設置的場所與用途，仔細規畫位置、尺寸與喜歡的設計（見下頁圖）。

順帶一提，如果獨棟住宅要設置室內窗的牆壁有交叉支撐，要透過縮小窗戶尺寸等方式避免傷到交叉支撐。

室內窗的功能

- 引入光與風。
- 內裝的視覺焦點。
- 開放感。
- 感受到彼此的動靜。

CASE 1

翻修關鍵

金屬室內窗成為內裝一大亮點。

為了讓光線進入沒有窗戶的深處房間而設置的室內窗，同時也是 LDK 內裝的主角。上側窗戶可以開關，有助於加強通風。

O 宅，設計／ DEN PLUS EGG

CASE 2

翻修關鍵

讓較深的房間能看到戶外景色。

隔間牆原本完全隔開了房間與 LDK，不過增設室內窗後，就能在房間欣賞戶外景色。

K 宅，設計／ WILL 空間設計（ウィル空間デザイン）

CASE 3

翻修關鍵

深處空間也能營造出開放感。

面向 DK 的工作室門旁增設了固定窗，讓光線能夠穿透至右側廚房。雖然窗戶不能打開，卻為兩處都增添了開放感。

M 宅，設計／ FILE

6 家有幼兒，安全防護不能少

在客廳角落設置能從廚房看見的兒童區。

兒童區的設置關鍵在於看得見。因此在能從廚房看見的客廳角落，設置兒童專用的區域，這麼一來，不管是在廚房忙碌時，或者是在客廳休息時，都能自然的守護孩子們。

本書建議在ＬＤＫ角落設置榻榻米區讓兒童活動，開放式的空間只需要一至一．五坪即可，再加上兒童區派上用場的期間很短，所以事前設計成適合放鬆或是做家事的多功能空間（見一三四頁至一三六頁圖），之後若要改裝，會相當方便。

此外，裝修時需要為兒童安全多花點巧思，例如：打造出不會有跌落風險的樓梯、地板高低差較少的無障礙空間等。

[讓孩子安心生活]

CASE 1

翻修關鍵

在廚房和飯廳旁設置可看到孩子的區域。

為了隨時留意孩子的動靜，可在廚房和飯廳旁設置兒童區。這裡預計設置隔間牆，做成獨立的小孩房。

M 宅，設計／ANESTONE（アネストワン）一級建築士事務所

改裝前

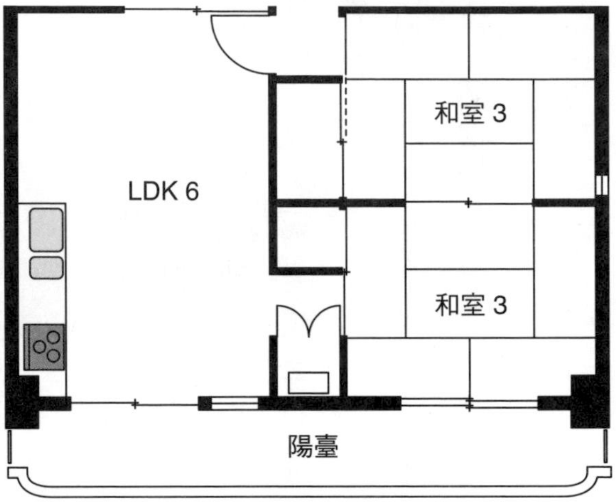

改裝後

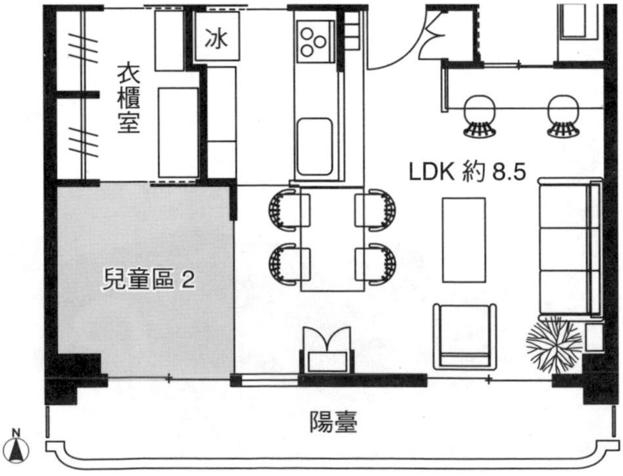

CASE 2

翻修關鍵

小孩房用拉門來區隔。

為了看見孩子的狀況，在LD一角設置拉門來隔出小孩房。如此一來就可以感受到孩子的動靜，夜間孩子們也能放心入睡。

T宅，設計／ADesign（エーデザイン）

改裝前

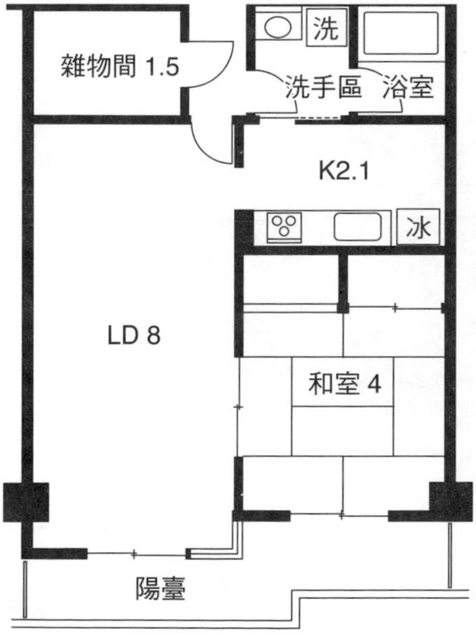

改裝後

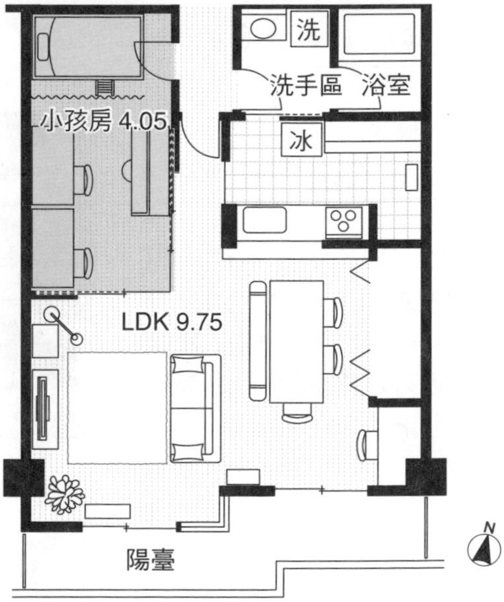

CASE 3

翻修關鍵
樓梯口加設低矮的拉門，防止孩子墜落。

為了避免孩子跌落，在樓梯旁設置低矮的保護門。下樓的樓梯口則用拉門，這麼做能預防冷氣流失到樓下。
I 宅，設計／山崎壯一建築設計事務所

CASE 4

翻修關鍵
邊煮飯邊守候孩子。

ㄈ字形廚房瓦斯爐前的牆壁加入玻璃，如此一來，站在瓦斯爐前就能隨時注意孩子，做飯時也更加安心。
M 宅，設計／ MASH（マッシュ）

7 小孩房，有必要嗎？

如果不是馬上需要，建議先準備寬敞的客廳來應對，隨時可調整空間。

只有夫妻二人或是孩子年紀還小時，只要準備寬敞一點的客廳就相當舒適。由於這個時期還不需要小孩房，比起先多做房間，不如選擇寬敞的客廳（見下頁圖），只要先備妥開關、插座與收納空間，有需要時再增設牆壁即可。

做獨立房間時，要選擇可以隨著孩子成長加以調整的格局，例如：方便日後切割成兩間房間等（見一三九頁圖）。事後增設牆壁的工程並不困難，因此，先選擇隔間牆較少的簡約設計才是上策。此外，準備兩間不同坪數的房間，就能按照睡眠習慣、孩子數量等適度改裝成小孩房。

[按照生活型態變化來調整]

CASE 1

翻修關鍵

將小孩房的位置預設在 LDK 一角。

如下方圖所示，現在先享受寬敞的 LD，沙發後面的空間之後會增設牆壁，以打造成獨立小孩房。

U 宅，設計／ KURASU

改裝前

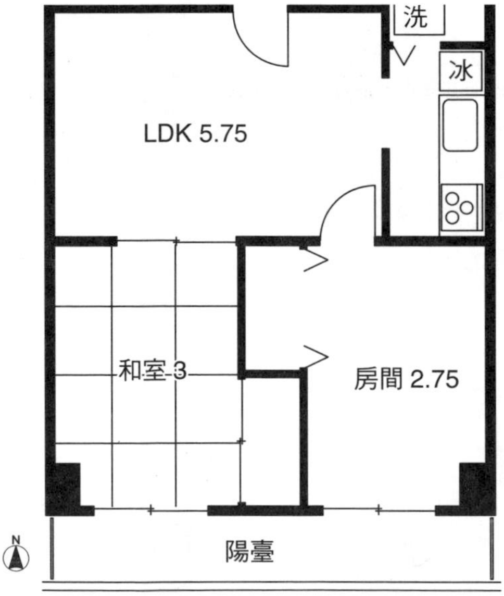

改裝後

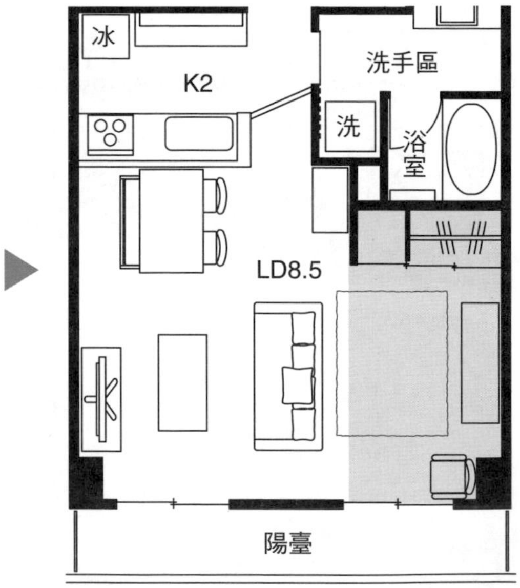

CASE 2

翻修關鍵

日後方便切割成 2 間房間的格局。

打通 2 間房間並設置 2 扇門與收納空間，等孩子長大後再隔開，讓他們擁有自己獨立空間。

F 宅，策畫／ReBITA（リビタ）

改裝前

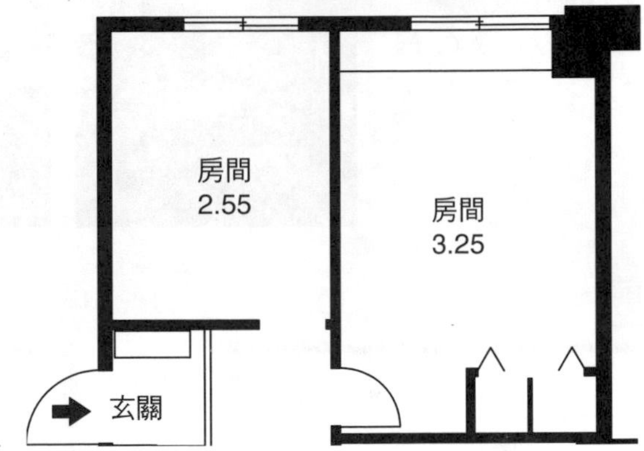

改裝後

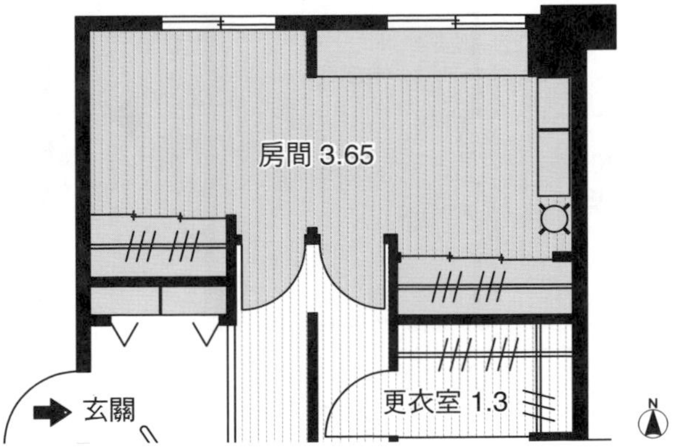

CASE 3

翻修關鍵

設計格局時，要考量之後生活變化。

餐廳一角設置紫色矮牆隔間，後方當成收納兼梳妝打扮的空間使用。等孩子長大之後，預計改造成小孩房。

K 宅，設計／ Arts & Crafts（アートアンドクラフト）

改裝前

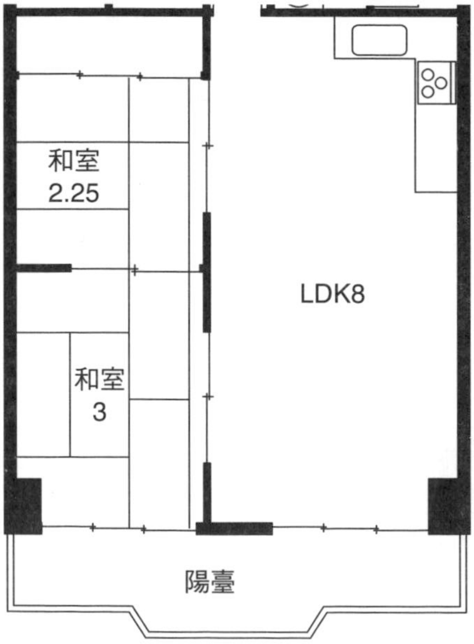

改裝後

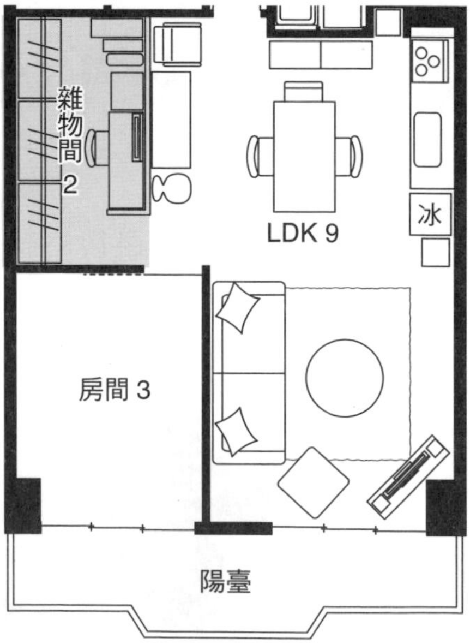

8 孩子老窩在房間？縮小他的空間

縮小房間並對動線多下工夫，打造出能自然跟孩子接觸的格局。

當孩子擁有寬敞舒適的獨立房間時，他們會習慣躲在房間裡做自己的事。將小孩房安排得小一點，設計成僅供睡眠的場所，並在ＬＤ角落等設置書桌區讓他們在此讀書等，都可以引導孩子待在ＬＤ。

很多公寓大廈會把小孩房等獨立房間設置在玄關旁邊，讓孩子一回家就直奔房間。不過，只要透過翻修，讓孩子必須通過ＬＤＫ才能進房間，自然能提高與家人交流的機會。

此外，也建議為小孩房設置室內窗，如此一來，就能在保有獨立空間的同時，也可稍微窺見孩子在房間時的動靜。

CASE 1

翻修關鍵

用翼牆切割親子空間。

將丈夫的工作區與兒童區並列在客廳一角，並藉設有小窗的翼牆切割，營造出恰到好處的距離感。

M 宅，設計／ BOLT

CASE 2

翻修關鍵

小孩房放在家的正中央。

如右方平面圖，孩子回家後必須經過客廳才能踏進房間，讓親子得以自然打照面。面向通道的牆壁設置 2 道門與 2 扇窗，不僅能傳遞室內的動靜，日後還可以從正中央分成 2 間房間。

K宅，設計／ nu renovation（nu リノベーション）

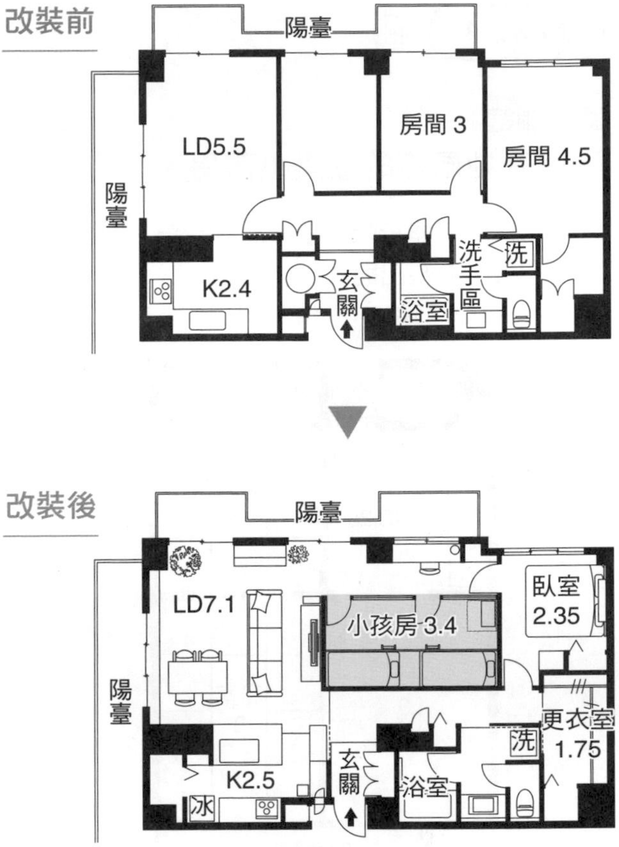

CASE 3

翻修關鍵

祕密基地風格的歡樂小孩房。

針對結構上不能拆除的牆壁加以設計，適度分開客廳與小孩房。餐廳側的入口並設置門板，形塑出開放的氛圍。

K 宅，設計／ YUKUIDO（ゆくい堂）

改裝前

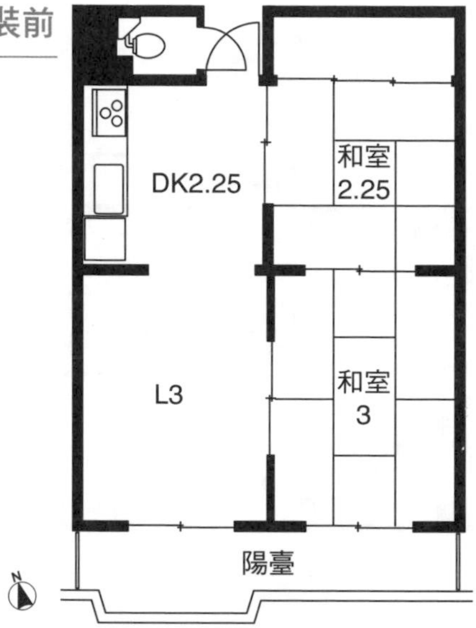

改裝後

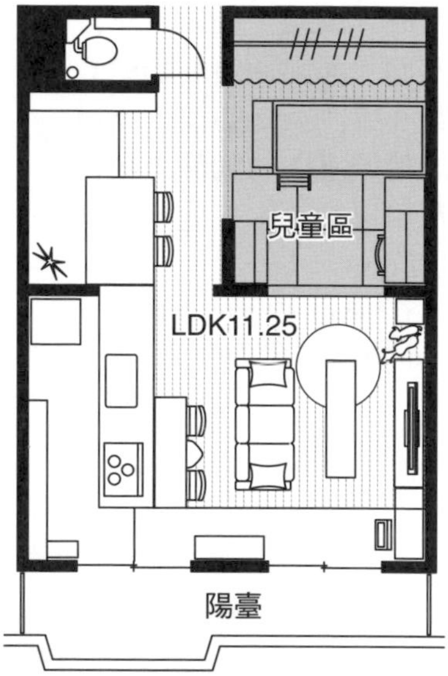

9 不常使用的房間，拆掉變客廳

難用的空間，就拆掉當成LD的一部分，或改裝成工作室、小孩房。

以日本來說，老公寓或很久以前的建案，幾乎都會在客廳旁設置和室。若家中有這種無法有效運用的空間，就大膽拆除，與旁邊的LDK合而為一，翻修成寬敞的空間（見下頁圖）。和室的地板結構與一般房間不同，所以與LDK互相銜接時，必須施工去除地板高低差。若預算不足，就活用高低差，打造成架高的休憩區。

無法有效運用的空間也可維持獨立狀態，改裝成小孩房或享受興趣的空間（見一四七、一四八頁圖）。

[改造不好用的空間]

CASE 1

翻修關鍵

拆掉和室，多了空間做工作室。

餐廳位置本來是和室，後來拆到毛胚屋的狀態，實現寬敞度充足的明亮開放 LDK。

I 宅，設計／ Bricks（ブリックス）。一級建築士事務所

改裝前

改裝後

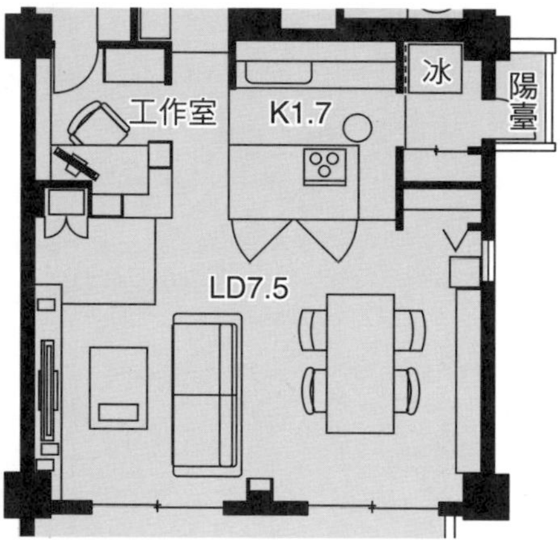

CASE 2

翻修關鍵

以海外工作室為範本，改裝和室。

將位在 LDK 一角的和室改裝成獨立空間，LDK 側的牆壁設置室內窗，消弭了這間無窗房間的昏暗與孤立感。

O 宅，設計／ DEN PLUS EGG

改裝前

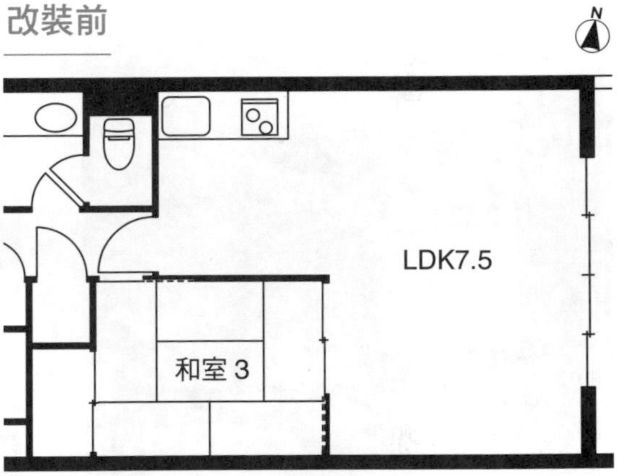

改裝後

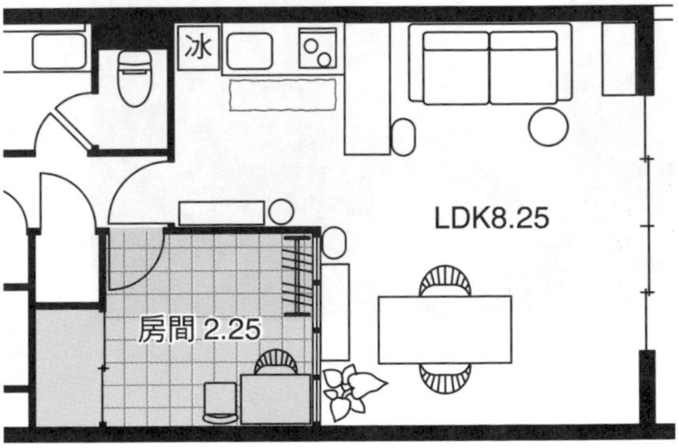

CASE 3

翻修關鍵

改造成工作區。

拆除和室牆壁後對外開放，形成與 LD 連成一氣的工作區。並未刻意施工去除地板高低差，為工作區與其他區域增添適度距離感，同時節省成本。

S 宅，設計／ TRUST（トラスト）

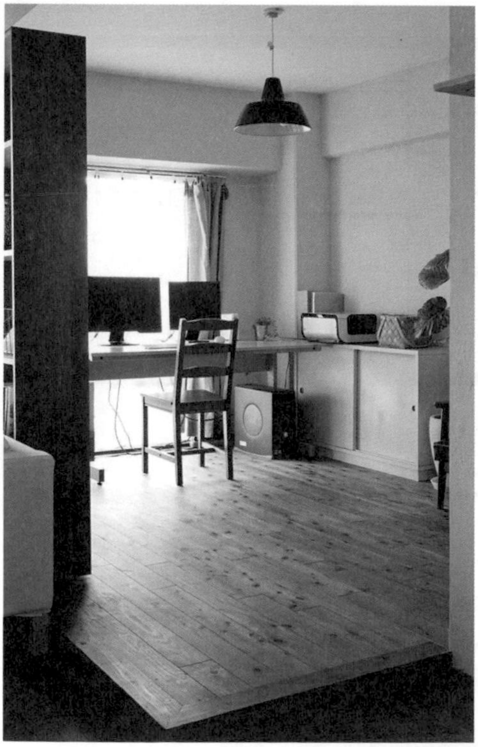

改裝前

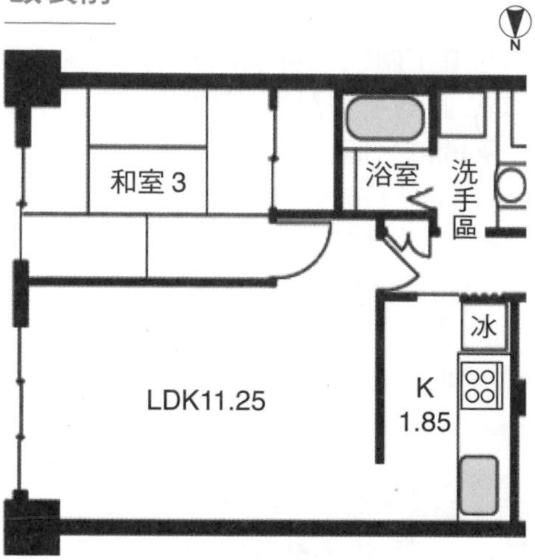

改裝後

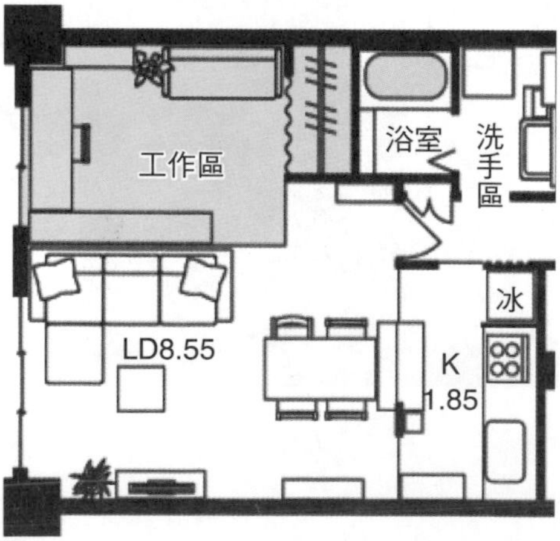

實用小單元

把和室改造成一般房間，確認地板。

和室鋪有榻榻米，地板會略高於一般房間，要改鋪設木地板的話，則必須拆除門檻、榻榻米與地板飾材，接著以修邊條取代門檻再鋪上木地板。若相鄰房間也要一起鋪設木地板，就可以省略修邊條，整體感也會更佳。實際工法會依公寓而異，所以請先確認現況。

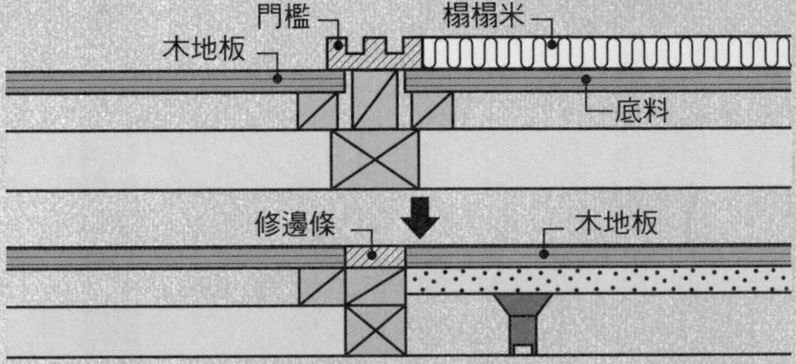

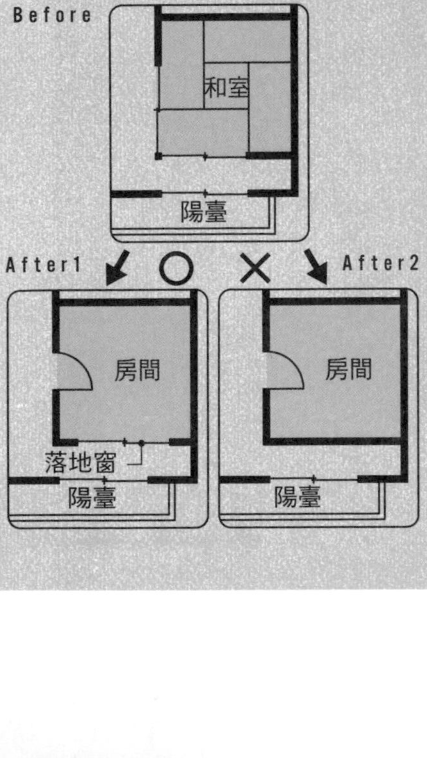

若要把原本設在LD一角的和室，改成一般房間，可直接將拉門改成牆壁並設置半腰窗，或者做成落地窗。

10 無邊榻榻米，時髦和風

與客廳自然相連的榻榻米區很重要，其中高架式在現代很受歡迎。

不用設置正統和室，只要在家裡規畫擺放榻榻米的區塊，就能休息、做家事或帶小孩，相當方便，或是打造成開放式空間，還可以當成客廳的延伸。

其中最受歡迎的方案，就是在客廳角落架高三十至四十公分，然後鋪榻榻米（見左頁圖、一五三頁圖）。若架高的部分可以打造成收納空間會更理想。

無邊榻榻米能勾勒出時髦和風，所以很受現代人歡迎，但是價格比較昂貴。若想節省成本，不妨選擇一般榻榻米，只要選擇邊緣顏色相同的類型，即可自然融入ＬＤ空間。此外，未必要用木材來架高，只要挑一個多餘空間直接放榻榻米即可（見一五二頁圖）。

CASE 1

翻修關鍵

拆除和室在客廳放榻榻米。

為了擁有寬敞的 LDK 而拆除了和室，改裝成開放式的空間並鋪設榻榻米。藍色的灰泥塗料牆，更成為 LD 的視覺焦點。

Y 宅，設計／ANESTONE（アネストワン）一級建築士事務所

改裝前

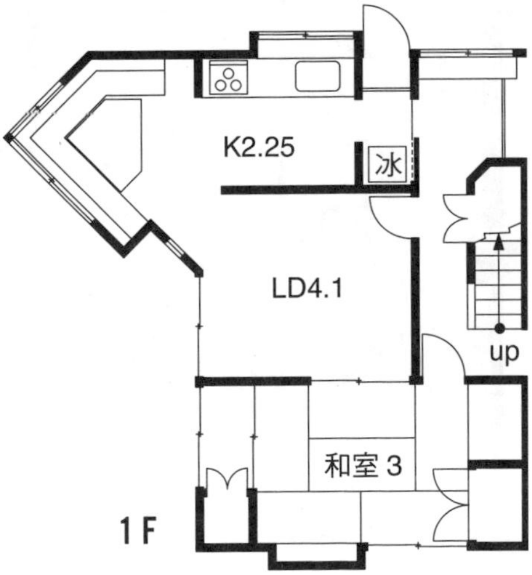

改裝後

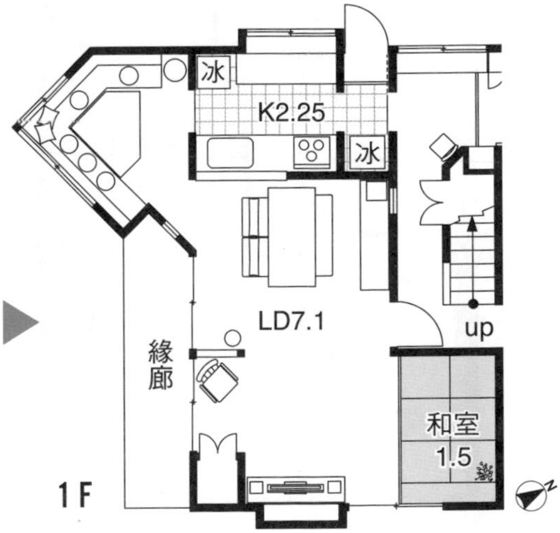

（按：緣廊是指面向院子，在和室外緣的地板走道。）

CASE 2

翻修關鍵

榻榻米隨時能拿起來靈活運用空間。

原本是獨立的 4 坪和室，取一半打造成融入 LD 的榻榻米區。鋪設的是方便拆除的榻榻米，所以日後可以很輕鬆拿起來改放沙發，使用起來很有彈性。

F 宅，策畫／ ReBITA（リビタ）

改裝前

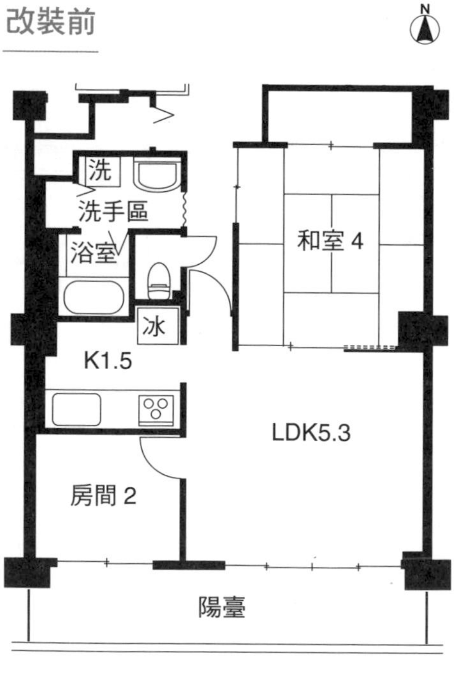

改裝後

CASE 3

翻修關鍵

架高式榻榻米區，下方可收納。

拆除 2 間房，打造出寬敞的 LDK。取一角設置 3 坪的架高式榻榻米區，並設有可電動開關的收納設備，相當方便。

O 宅，設計／空間社

改裝前

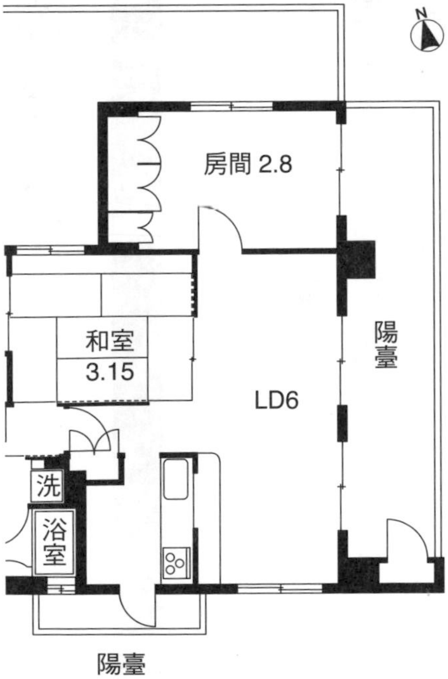

改裝後

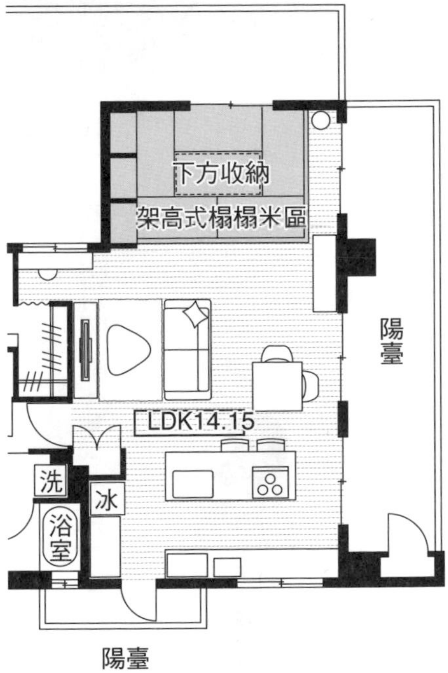

11 工作區放角落，居家也能安靜上班

推薦在LD角落設置工作區，就能專注做事。

有些人會在飯廳餐桌上工作，但很容易被打擾而分心，所以不妨在家中設置工作區，除了可以準備書房般的獨立空間外，也可以在LD角落設置工作區。只要增設緩和的隔間，就能專注於工作，又能感受到家人動靜，但較不會被打擾，形成相當舒適的空間。

直接購買市售工作桌，而非以木作的方式直接固定在牆上，日後就能輕鬆更動這個區塊的用途。若是工作以外還要與家人共用桌子（如讓孩子讀書），本書建議準備較寬敞的空間，並備妥收納設備。像這樣安排專用的空間，能避免弄亂飯廳（見左頁圖）。

要打造獨立空間時，即使位置狹窄，只要設置室內窗就可以消除封閉感（見一五六頁下圖、一五七頁上圖）。

[打造工作區]

CASE 1

翻修關鍵

在客廳設置可以兩人同時使用的共用工作區。

以木作固定在 LDK 角落的共用工作區，桌子選擇寬裕的尺寸，方便兩人同時使用。並在桌下安排了放置事務機的空間。

M 宅，設計／ ANESTONE（アネストワン）一級建築士事務所

CASE 2

翻修關鍵

占滿整面牆的長桌與收納架

設置與牆壁同寬的工作桌與收納架，這麼一來，親子就可以一起工作與讀書。為了醞釀出沉穩的氛圍，可只挑一面牆漆上顏色。

T 宅，設計／ OKUTA LOHAS studio

CASE 3

翻修關鍵

活用和室格局打造工作區。

曾為和室的客廳一角。將壁龕改成書桌區，櫥櫃則改成電視放置處，聰明運用了原本的格局。

O 宅，設計／ OKUTA LOHAS studio

CASE 4

翻修關鍵

將全家的書集中在圖書室。

設在客廳旁的圖書室。仿效小學的室內窗，讓圖書室成為採光好、通風佳的開放空間。從外側可看見孩子動靜的設計也很棒。

I 宅，設計／ INOBU interior shop 事業部（イノブンインテリアストア事業部）

CASE 5

翻修關鍵

設在走廊的工作區明亮又充滿開放感。

在走廊稍寬且有窗戶的位置，規畫丈夫的工作區，另一側配置了全家共用的書櫃。讓走廊增添其他用途。

K 宅，設計／ nu renovation（nu リノベーション）

CASE 6

翻修關鍵

將畸零空間改造成電腦區。

稍微的封閉感有助於專注工作，因此屋主將電腦區設在樓梯下方的畸零空間。桌子是由木工師傅量身訂製。

F 宅，設計／ m＋o（エム アンド オー）

12 牆壁當螢幕、角落做展示區

只要一坪就可以打造興趣室。此外，也建議為玄關配置較寬的落塵區。

若屋內空間充足，可騰出一個區塊，按照興趣來設置工作桌與收納架。只要一坪就足以打造獨立空間，再搭配室內窗或斜天花板，即使空間狹窄也不會產生壓迫感。

假設空間不足以設置獨立空間，也可以考慮賦予單一空間多種功能。舉例來說，家人可以到較寬的玄關落塵區，享受DIY或保養戶外活動的用品（見左頁圖），孩子們也可以在這裡玩耍。

此外，也推薦利用走廊一角或者是LD的牆壁，創造出能享受興趣的角落（見一六〇頁至一六一頁圖）。

這個技巧的關鍵在於活用家中每一個角落。

[活用玄關或其他角落，替生活增添趣味]

CASE 1

翻修關鍵

將 DK 改造成適合打赤腳的空間。

改裝前

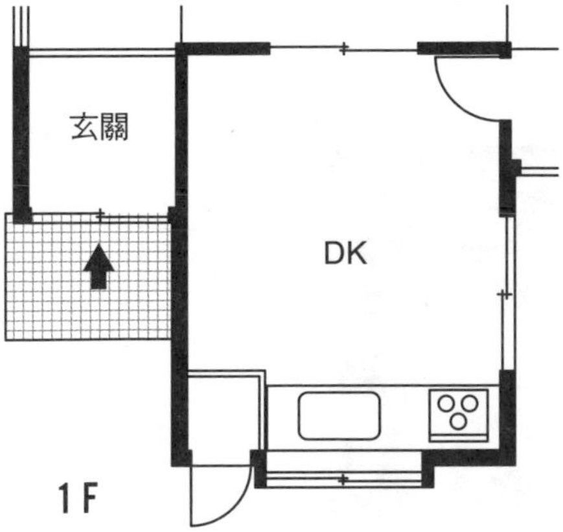

改裝後

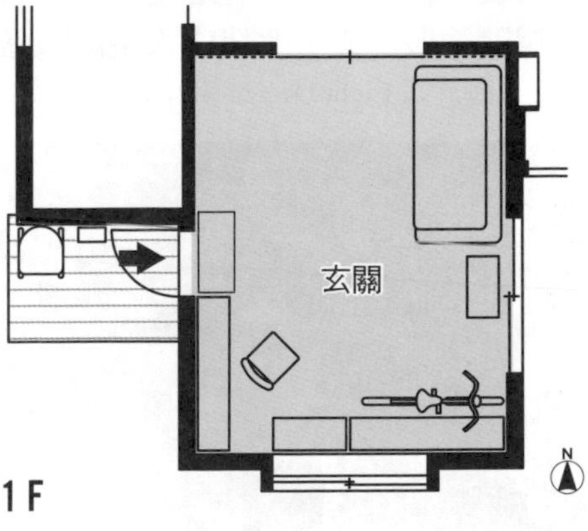

將 DK 改造成兼具玄關功能的大型落塵區，賦予其豐富的功能，既可以在此 DIY，也可以讓孩子在此玩樂。

N 宅，設計／ IS ONE Reno*Reno（アイエスワン リノリノ）

CASE 2

翻修關鍵

在樓梯間增設展示區。

這是花藝師的家，對方希望 2 樓樓梯間漆成白色，讓花來妝點的空間。

U 宅，設計／空間社

CASE 3

翻修關鍵

將房間改造成大型落塵區，停放自行車。

假日騎自行車在街上逛逛是該住戶的興趣，因此便對玄關旁的房間塗裝砂漿，改造成大型落塵區以當作停車空間。

T 宅，設計／ Eight Design（エイトデザイン）

CASE 4

翻修關鍵

牆壁漆上黑板漆，就成為自宅藝廊。

漆上黑板漆的牆壁具有凝聚視線的效果，隨興貼上照片就享有藝廊氛圍。善用牆面又省空間。

F 宅設計／ nu renovation（nu リノベーション）

CASE 5

翻修關鍵

把牆壁當螢幕，在自宅享受電影院氛圍。

翻修時，夫妻一起完成的珪藻土牆壁，一放假就會變成投影機的螢幕。讓夫妻在家裡也能沉浸在電影院般的氛圍中。

Y 宅

CASE 6

翻修關鍵

可以享受園藝的室內露臺。

礙於建築基準法，屋主只能放棄溫室，但與設計師討論後，改在室內設立黑色格柵，打造成室內露臺，讓屋主得以在此享受園藝。

H宅，設計／ Eight Design（エイトデザイン）

13 陽臺，在家就能野餐

獨棟只要空間足夠，就可以增設木質露臺或陽臺。

陽臺與木質露臺都可以當作戶外客廳使用，若獨棟住宅空間足夠，在一樓增設木質露臺就非常簡單。雖然會受到風吹雨淋，但是只要選擇具耐久性且不易腐蝕的鐵木材或櫟木材，保養起來就很輕鬆（見左頁、一六四頁圖）。另一方面，若在二樓增設陽臺，必須將其固定在建築物結構上，是相當浩大的工程。不僅要做窗戶與防水工程，正下方地面是否有可以立柱子的空間也很重要。

公寓的陽臺雖然是共用部分，但是住戶有權鋪設木板。此外一樓住戶擁有專有庭園時，在這裡增設木質露臺也沒有問題。當然也有例外，所以請務必確認管理規約。

[　做露臺與陽臺　]

CASE 1

翻修關鍵

增設可以享受野餐樂趣的戶外客廳。

在 LDK 前方增設陽臺，就可以和家人一起吃午餐、和朋友享受烤肉。陽臺受到木質柵欄圍繞，放鬆之餘也保有隱私。

K 宅，設計／ Style 工房（スタイル工房）

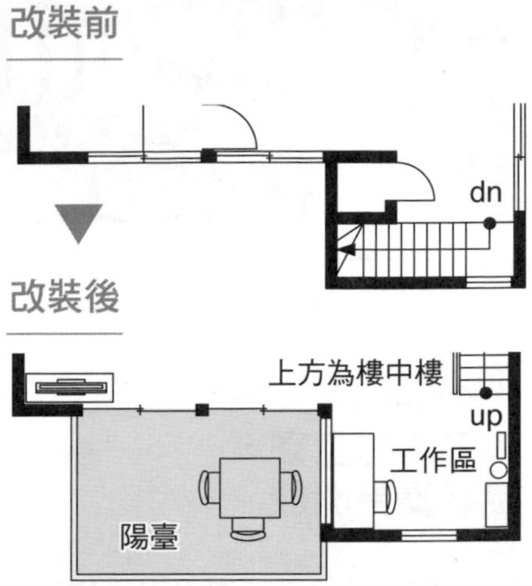

CASE 2

翻修關鍵

陽臺，最好的園藝空間。

在 LDK 前設置可透過落地窗出入的陽臺，打造出屋主夢想中的園藝空間。白色柵欄則為 DIY。

F 宅，設計／ IS ONE Reno*Reno（アイエスワン リノリノ）

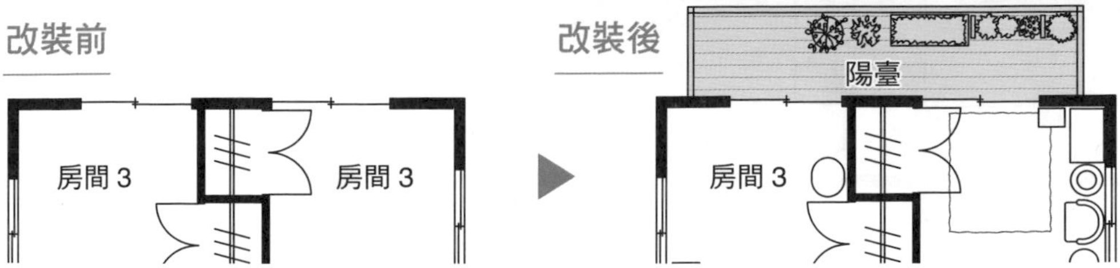

CASE 3

翻修關鍵

多了木質露臺，讓客廳更開放。

新設地面與室內相連的木質露臺，選擇與 LDK 地板一樣的檜木材，打赤腳也很舒服。刻意不設柵欄讓空間顯得更加開放。

H 宅，設計／優建築工房

改裝前

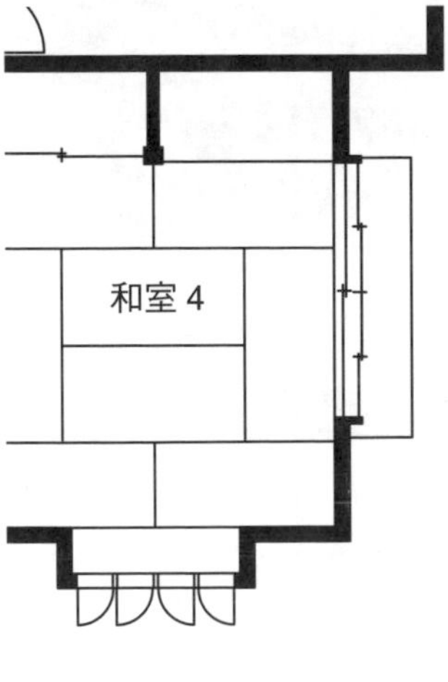

改裝後

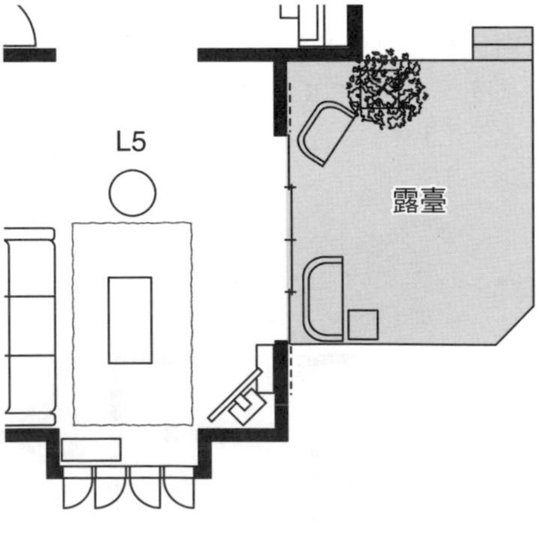

14

玄關窄，打掉旁邊的房間

可攬入玄關旁的房間以確保足夠空間，此外，也應配置充足的收納空間。

解決玄關太窄最有效的方法，就是拆除玄關旁的房間，以拓寬空間（見下頁圖）。一般來說，玄關（門廳加落塵區）約占〇．五坪，若能拓寬到約一坪，會顯得有餘裕。只要將落塵區拓展得比門廳還寬，便可消弭窘迫感。讓落塵區銜接門外的走廊，並將ＬＤ打造成玄關的延伸，視覺上會更寬敞（見一六八頁圖）。

由於玄關會放家人的鞋子、雨具與嬰兒車等相當多的雜物，所以準備充足的收納空間，就能擁有乾淨的玄關。另外，可在落塵區鋪設磁磚或塗抹砂漿，只要記住家裡展現出來的氛圍，會隨著材質而改變（見一六七頁圖），再依照自己想要的風格來挑選材質即可。

改善玄關狹窄問題，可以這麼做

改裝前

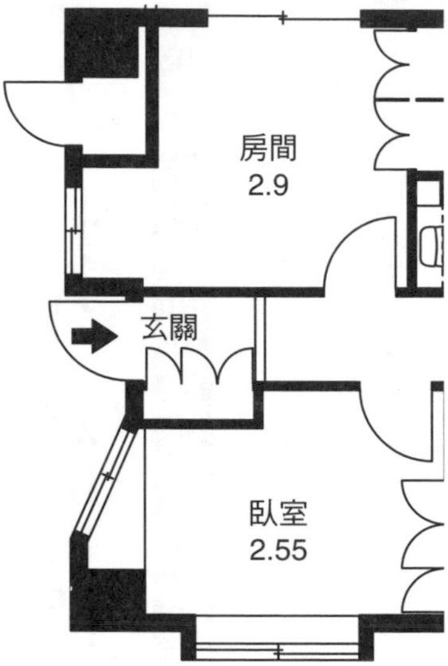

改裝後

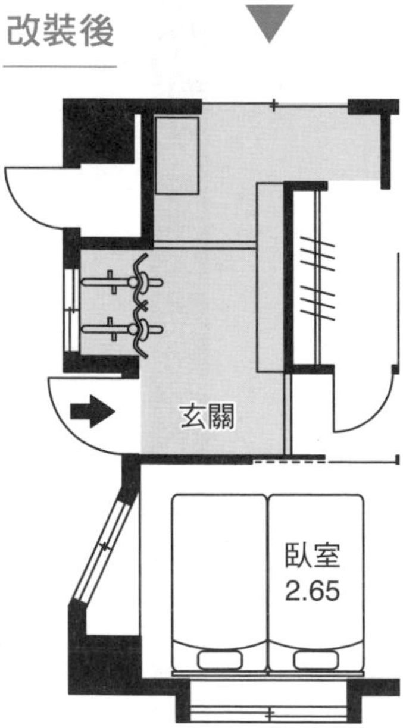

CASE 1

翻修關鍵

拆掉房間以拓寬玄關。

放得下自行車的偏寬玄關，地板為砂漿材質。將鞋子擺在展示型收納上，如此一來，就不怕溼氣悶在裡面，形成通風良好的空間。

O 宅，設計／空間社

CASE 2

翻修關鍵

用砂漿地面連接玄關與廚房，展現出寬敞感。

不只玄關落塵區，連走廊至廚房也採用砂漿地面，統一住家的風格。

U 宅，設計／ KURASU

改裝前

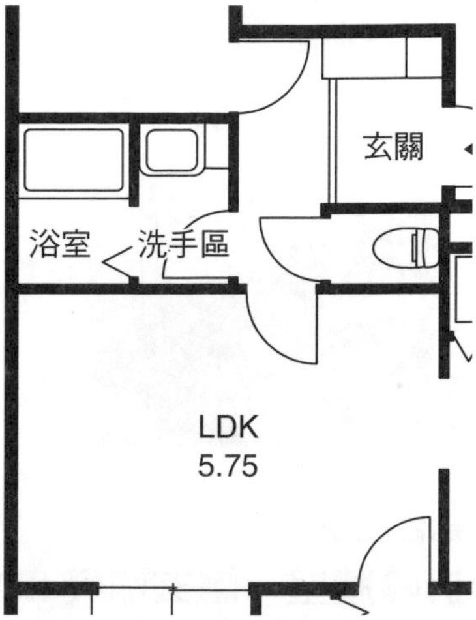

改裝後

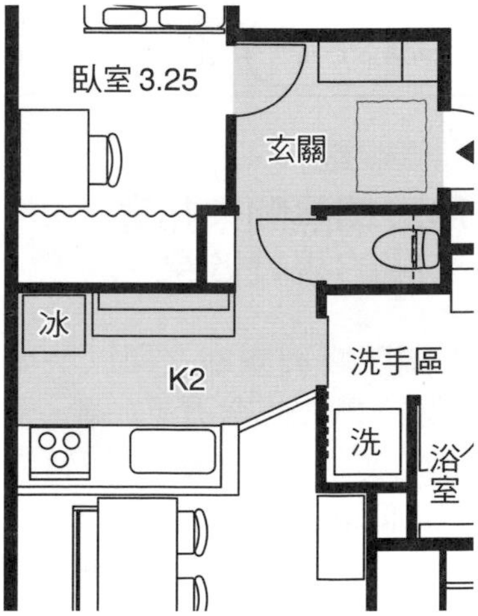

CASE 3

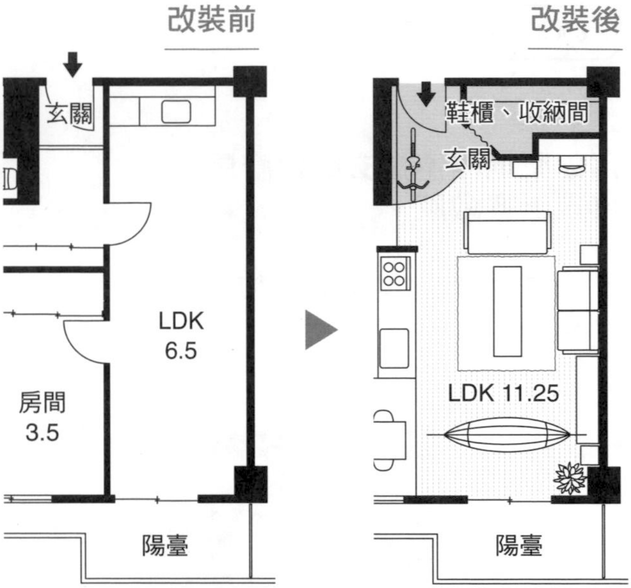

翻修關鍵

拆除牆壁，讓玄關與LDK相連，看起來更寬敞。

曲線講究的玄關門廳。右手邊門簾後方是0.75坪的收納間和鞋櫃，擁有相當充足的容量。

W宅，設計／SUMA SAGA不動產（スマサガ不動産）

CASE 4

翻修關鍵

用玻璃隔間來拓寬玄關的視覺效果。

玄關門廳與餐廳之間以玻璃區隔，讓光線穿透至玄關，帶來寬敞的視覺效果。放下竹簾風捲簾能遮蔽視線。

T宅，設計／casabon居住環境設計（カサボン住環境設計）

15 低預算的高規格改裝

先依需求排出翻修順序，省略沒必要的裝潢，做簡單工程即可降低成本。

預算有限時，必須為翻修需求安排先後順序。不要追求過多的修飾，必須按照預算做出取捨。還要思考降低施工費用的對策，例如：不要改變廚衛空間的位置、妝點類的就靠DIY等。

另一大重點就是避免做太複雜的工程。先把住家打造成門與隔間偏少的簡約箱型空間，就能大幅抑制材料費與施工費用。不要鋪設天花板，直接讓毛胚狀態的頂部裸露在外，或是直接用底材修飾等，不僅可以省下一部分的工程，住宅風格也會更有個性。

此外，對於內裝材料或設備等沒有特別想法的時候，就採用便宜的大眾款。

[低成本裝修]

CASE 1

翻修關鍵

拆除天花板露出毛胚狀態。

配線工程拆掉天花板，便露出出乎意料的空間，光是省下天花板裝設就省錢許多。

T 宅，設計／ KURASU

CASE 2

翻修關鍵

使用落葉松合板，降低成本。

玄關選用混凝土地面，以及多半作為底材使用的落葉松合板，活用其粗獷的木紋，打造出工房般的氛圍。架子是屋主自己做的。

K 宅，設計／ Style 工房（スタイル工房）

CASE 3

翻修關鍵

省下門板，等手頭寬裕再裝。

透過面向 LD 的室內窗，舒適的光線撒入臥室。地板使用的是比木地板更便宜的地毯，藉此節省成本。

I 宅，設計／ blue studio（ブルースタジオ）

CASE 4

翻修關鍵

活用原有設備，就能控制成本。

不換設備，僅更換櫃門營造出復古風。猶如餐廳設備的四口爐，不僅方便又散發出時髦感。

S 宅，設計／ TRUST（トラスト）

CASE 5

翻修關鍵

蒐集原本要丟掉的材料，組裝成原創廚房。

從原本預計拆解的系統廚房中，蒐集尺寸適合的材料後，重新打造成一個廚房。只有櫃門是用梣木材（又稱白蠟木）全新打造的，藉此實現一致性。

H 宅，設計／ ARCHIGRAPH（アーキグラフ）一級建築士事務所

CASE 6

翻修關鍵

保留原本的地板材，直接用喜歡的木地板覆蓋上去。

屋主很講究木地板的色彩與質感，所以選擇實木（樺木材）。選擇每片都較為窄短的類型，有助於降低成本。

I 宅，設計／ blue studio （ブルースタジオ）

CASE 7

翻修關鍵

請木工打造有軌道的層板收納架。

原本玄關只有小小的鞋櫃，屋主和業者討論後，決定請木工打造占滿整面牆壁的開放式鞋架。把隔壁房間的空間挪一部分過來，增加落塵區位置，成為連自行車都放得下的寬敞空間。

I 宅，設計／ blue studio（ブルースタジオ）

CASE 8

翻修關鍵

格局不變，重新粉刷，住家變新房。

原本的玄關使用褐色木地板與門窗，這次翻修並未更動格局，僅將地板、門窗、踢腳板與窗框等漆成白色，住家彷彿變新房。

U 宅，設計／空間社

第 10 章

廚衛舒服了，全家都有感

1 廚房太窄，難用又有壓力

改變位置或方向，打造出開放式廚房。

若廚房太窄，可以改造成開放式，讓空間顯得寬敞。具體來說，可以將流理檯與瓦斯爐並排的一字型廚房，設置在與ＬＤ的邊界，牆面這邊則配置有收納功能的工作檯；或是將流理檯安排在與ＬＤ的邊界，瓦斯爐設在牆邊，形成二字型廚房；另外還有將中島工作檯設置在ＬＤＫ正中間的開放式廚房等。無論是哪一種，都是透過長檯來切割空間，因此比單純靠牆設置的廚房更占空間（見左頁圖）。

面向ＬＤ的面對面式廚房（見一七六頁、一七七頁圖），雖然明亮且可以享受開放氛圍，缺點卻是廚房一覽無遺，必須想辦法遮蔽作業時雜亂的一面。此外，也要選擇排氣功能較強的排油煙機或是靜音水槽，避免聲音影響到家人。

CASE 1

翻修關鍵

把和室房間做成開放式廚房，就多了家事間能用。

把廚房挪到原是和室的空間，然後改成與 LD 融為一體的開放式廚房。

M 宅，設計／ reno-cube（リノキューブ）

改裝前

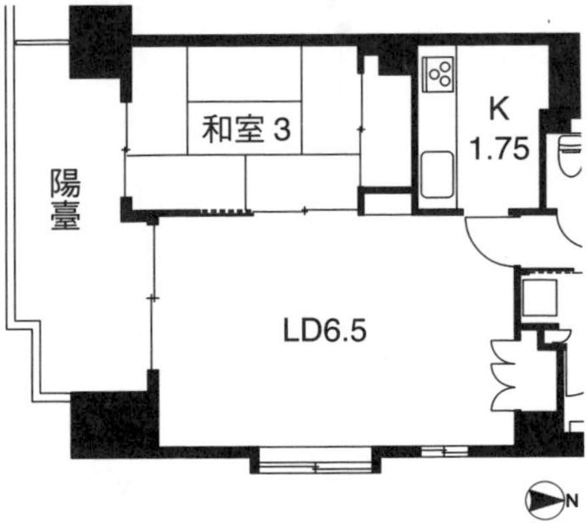

改裝後

CASE 2

翻修關鍵

維持原本位置，將靠牆改成面對面式。

原本靠牆的 L 型廚房並未更動，僅將流理檯移到與 LD 的邊界後，改成開放的面對面式廚房。不鏽鋼流理檯是日本頂級廚具品牌東洋廚房（TOYO KITCHEN STYLE）的訂製款，充滿時尚感。

K 宅，設計／ nu renovation（nu リノベーション）

改裝前

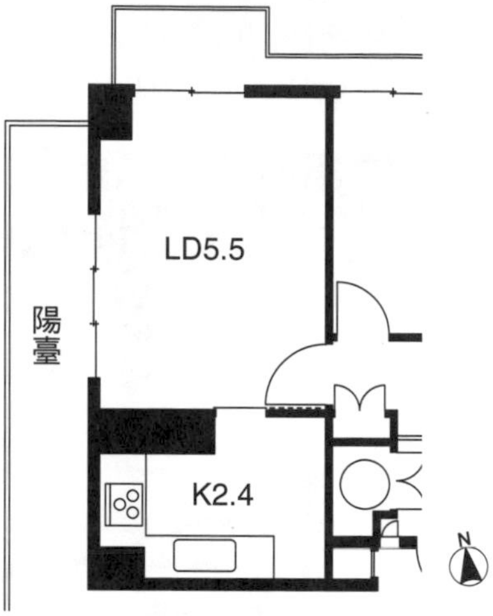

改裝後

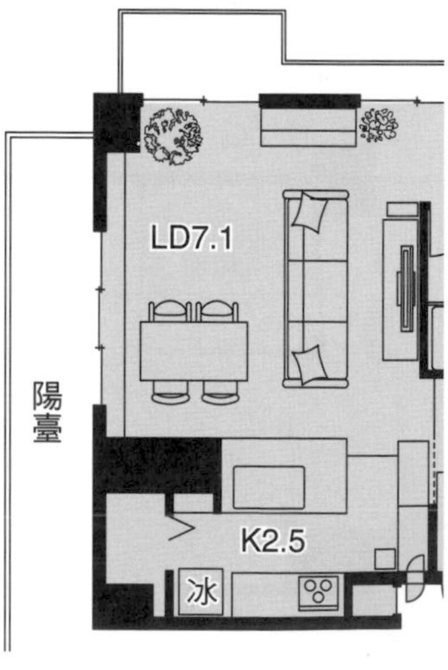

CASE 3

翻修關鍵

廚房改成面向餐廳。

原本面牆而昏暗封閉的廚房，改成面向餐廳的面對面式廚房。藉砂漿半腰牆遮蔽廚房局部，打造出率性的室內風格。

M 宅，設計／ Eight Design（エイトデザイン）

改裝前

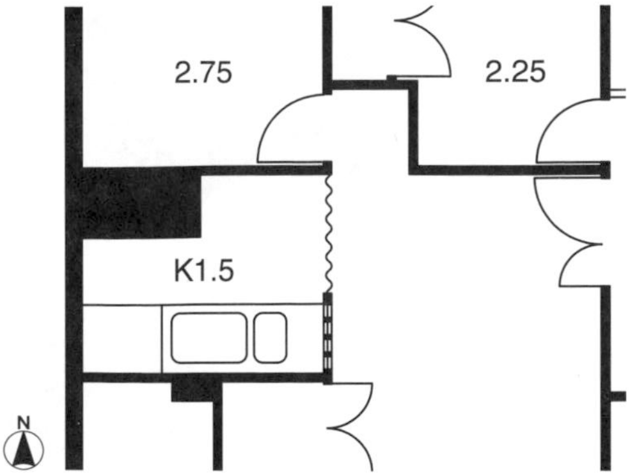

改裝後

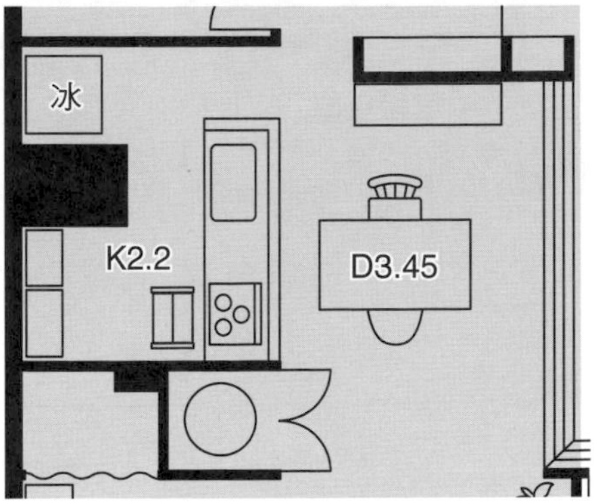

實用小單元

廚衛翻修的注意事項

廚衛空間有供排水管、瓦斯管、排煙管等，因此大幅度更動位置會產生較高費用。但如果只是讓同樣有這些管線的空間互換，就能節省一些成本。

另外，屋齡 20 年的公寓有供排水管老化的問題，因此即使翻修時管線狀況還可以，考量到遲早得更新，本書建議在裝修老公寓時，一起點檢或更換會較為安心。

- ▶ 必須確保排水管、排煙管的路徑。
- ▶ 大幅移動廚衛空間的位置，工程較為浩大，價格也較貴。
- ▶ 有些老公寓的熱水器會有更換上的問題。
- ▶ 翻修時，一併檢查或更換供排水管。

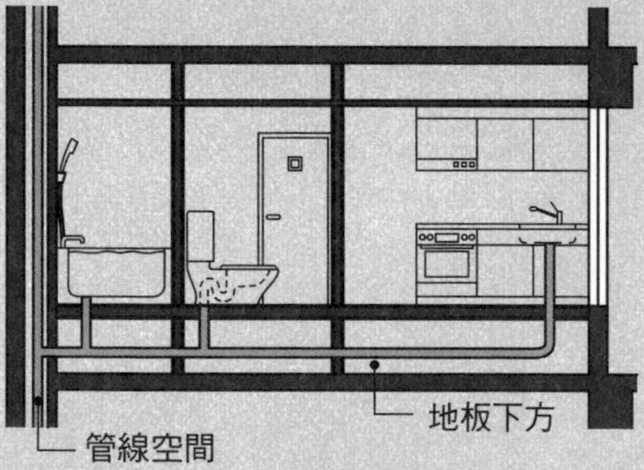

公寓的排水管會設置在地板下方，並在維持一定斜度的情況下，通往管線空間。要注意的是，有時翻修工程的震動，可能會造成老舊排水管損壞或引發漏水。

2 系統廚房，打掃收納都輕鬆

想清楚自己想要的功能與造型，同時顧及CP值。

現在的系統廚房保養起來都很簡單，像是附清潔功能的排油煙機、菜渣不容易堵塞的流理檯、造型與材質不易髒的設備等。

此外，收納櫃經過特別設計，所以收納能力非常優秀，能徹底活用所有空間，每樣物品都可以收在適當的位置。由於廚房使用頻率極高，格外講究機能性，所以請根據自身需求和預算，在想要的設備與價格之間找到平衡（見下頁圖）。

近來營業用廚房因為結構簡單，且不鏽鋼的陽剛感很帥氣，價格便宜，所以很受歡迎（見一八一頁圖）。但是收納性能較差、汙垢很容易塞在縫隙裡、流理檯太深不好用。在選擇設備時，務必要留意並了解缺點。

[在廚房做事不再綁手綁腳]

CASE 1

翻修關鍵

系統廚房與半腰牆打造出時髦風格。

為了節省成本而選擇系統廚房，透過增設貼了磁磚的半腰牆，讓廚房看起來有如時髦的訂製款。

N 宅，設計／ FiELD 平野一級建築士事務所

CASE 2

翻修關鍵

地板材與面板材質一致，融入整體空間。

使用 IKEA 的系統廚房。面板選擇跟地板一樣的橡木材。再搭配木工師傅打造的工作檯，就成了很好用的廚房。

I 宅，設計／ FARO DESIGN（ファロ·デザイン）

CASE 3

翻修關鍵
陽剛的不鏽鋼廚房設備成為內裝主角。

把自家廚房設計成營業用廚房風格，搭配牆壁磁磚與收納櫃，打造出獨特且帥氣的空間。開放式流理檯下方則用來收納琺瑯容器或箱子。
K 宅，設計／ SLOWL（スロウル）

三 廚房有窗，明亮又健康

如果你住在平房或是僅兩層樓住宅，覺得廚房即使開燈還是很暗，可以為廚房設置天窗以攬入光線，如此一來，亮度會比壁窗多三倍，若選擇可開關的天窗還兼具換氣效果。增設窗戶時，在面積相同的情況下，直達天花板的縱長窗採光效果比橫長窗還要好，選擇上下拉窗與百葉窗，則可調節通風量。

基地空間充足，可以做凸窗。流理檯前的凸窗深度建議設為十五至二十公分，再深的話，會很難開關窗戶。

公寓大廈無法增設窗戶時，可以考慮將廚房挪到本來就有窗戶的位置。

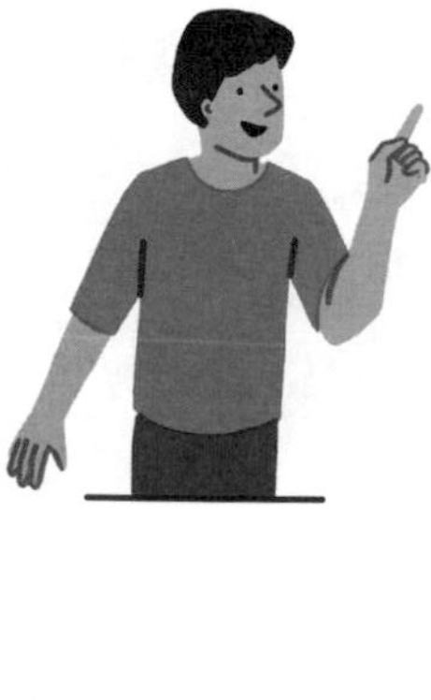

CASE 1

翻修關鍵

把流理檯改到面向窗戶的位置。

這是配置在北側的廚房。位置沒有更動，僅是將靠牆的一字型廚房改成 L 型，將流理檯換到有光的窗邊，就大幅提升廚房亮度。

S 宅，設計／ATELIER 71（アトリエ 71）

改裝前

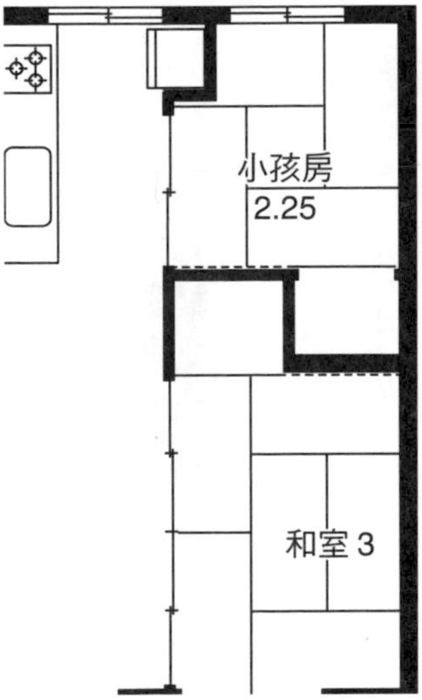

改裝後

4

浴室，夏天要涼冬天要暖

建議使用保暖與隔熱性能都很好的整體衛浴或浴室暖風機。

若浴室的隔熱功能不佳，可以考慮透過翻修來提升性能（見一一〇頁至一一二頁）。除此之外，整體衛浴通常會搭配保溫效果好的浴缸、不易變冷的地板等，保暖、隔熱性能優秀且易清潔，再加上防水性很高，可以避免因為漏水造成樓下住戶的困擾，獨棟則不怕因此導致結構材腐爛（傳統衛浴與整體衛浴的差異見下表），因此相當推薦。

冬天冷，則建議增設浴室暖風乾燥機。除了換氣與暖風外，有些機型還有衣物乾燥、冷風等功能，讓人整年都可以享受舒適的衛浴時光。如果想換成壁掛式乾燥機，可以直接拆掉換氣扇，把乾燥機設在這裡，即使浴室沒有要翻修也可以輕易更換。

傳統衛浴與整體衛浴的差異

	施工內容	優點
傳統衛浴	浴缸、磁磚、水龍頭等五金可自由搭配。	• 磁磚與浴缸都可以選擇喜歡的花樣。 • 規畫自由度高。
整體衛浴	浴室所有部材都含在裡面。	• 施工時間比現場施作還要短。 • 保暖與隔音俱佳。 • 牆壁是大型板狀，縫隙較少，打掃起來較輕鬆。

一年四季都能享受洗澡時光

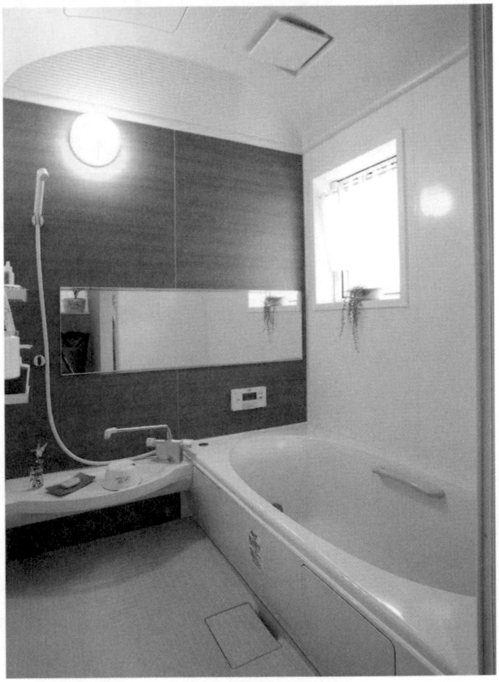

CASE 1

翻修關鍵

拓寬面積打造舒適衛浴。

原本浴室狹窄又充滿壓迫感，所以修改格局讓浴室變得寬敞。整體來說機能十足，利用白色與褐色搭配出時髦空間。

W 宅，設計／ takano home

CASE 2

翻修關鍵

用符合喜好的部件增添時尚感。

將用傳統工法做成的浴室，換成公寓專用的整體衛浴。燈具、鏡子與蓮蓬頭等都搭配符合喜好的款式，提高了整體設計感。

K 宅，設計／ P's supply homes（ピーズ·サプライ）

CASE 3

翻修關鍵

為內裝加分的獨立式浴缸。

乍看是傳統浴室，實際上是日本衛浴設備公司 NIPPORI KAKO 的產品，蛋型浴缸與磁磚造型面板組成的整體衛浴，洗練的設計猶如飯店。

O 宅，設計／ OKUTA LOHAS studio

實用小單元

整體衛浴也可透過噴霧型塗裝改頭換面

地板、牆壁與浴缸都是 FRP（纖維強化塑膠）材質時，可透過噴霧型塗裝，讓整個衛浴煥然一新。工期約 3 至 4 天。之後想改成磁磚牆壁時，可以使用專用黏著劑以貼上翻修用的磁磚。

想要低成本翻修浴室時，這些都是值得考慮的方案。

5 獨棟，衛浴不能蓋在臥室上方

此外，從防水角度來看，做整體衛浴最為恰當。

就獨棟住宅而言，二樓以上專用的整體衛浴，天花板通常會比一樓專用衛浴的還低，地板至浴缸上端的高度通常偏高。所以選擇衛浴設備時務必仔細確認尺寸。設置位置建議選擇一樓柱子最多的位置，像一樓衛浴正上方最適合。

由於樓下會聽到排水聲，所以二樓衛浴應避免蓋在LD或臥室上方。此外，可能必須增設橫梁、補強地板等強化建築物的工程，才支撐得住整體衛浴。

實用小單元

浴室與洗手區一起翻修最有效率

翻修浴室除了拆除、內裝工程外，還會牽扯到供排水設備、瓦斯、電力等各種工程。因此浴室與洗手區相鄰時，通常會動到隔間牆、出入口，有時甚至會直接換掉整個洗手區的內裝。所以視情況兩者一起施工會最有效率，在規畫時，可以和窗口討論看看。

6 衛浴設備三合一，空間就出來

將三個區域合而為一，或將隔間牆換成玻璃材質。

把洗手區、脫衣間與廁所合併在一起，空間上會比各自獨立還要寬敞（見左圖），若是連浴室也整併在一起，會更具開放感。此外，這種設計可減少隔間、門與照明的數量，能降低成本。

若擔心洗澡時的水花會四處飛濺，可以僅為浴室設置隔間牆（乾溼分離）。採用玻璃或是半透明的霧面玻璃，空間會顯得更加開放（見左頁圖）。

若不希望從洗手區看見浴室，可以使用半腰牆遮蔽視線。但這種做法的缺點，是有人使用浴室或洗手區時，其他人沒辦法上廁所。

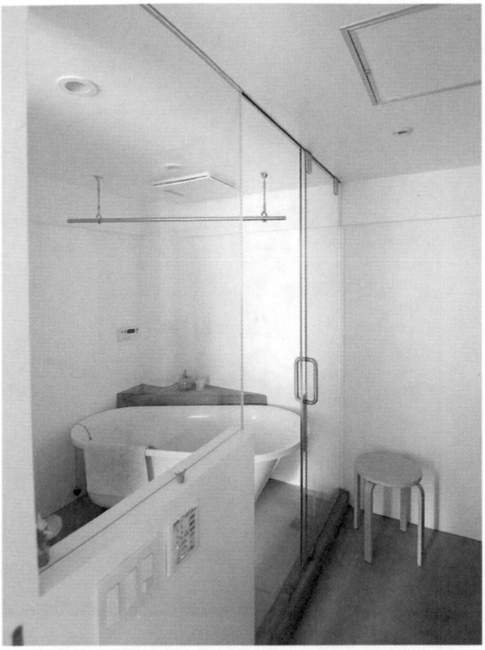

CASE 1

翻修關鍵

洗手區和廁所合在一起，並用玻璃隔間。

洗手區與廁所合併，藉此拓寬整個空間。此外與浴室之間採用玻璃隔間，整體充滿明亮。

W 宅，設計／ SUMA SAGA 不動產（スマサガ不動產 ）

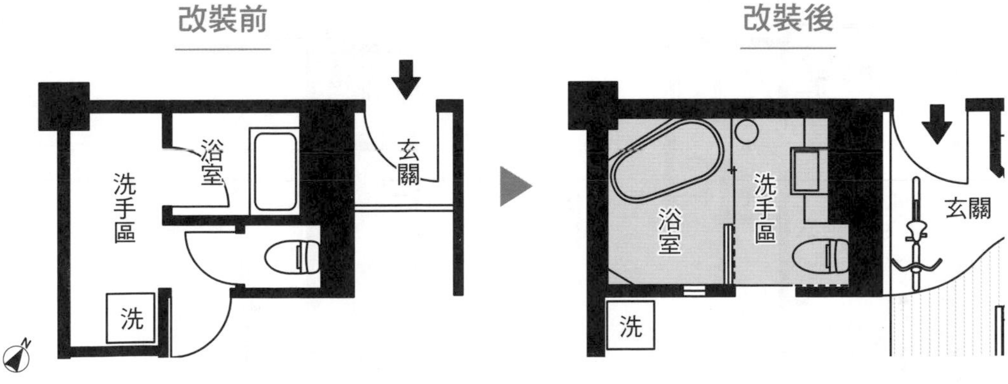

CASE 2

翻修關鍵

洗衣機、洗手檯與馬桶排成一直線，多了空間能做小孩房。

為了不讓洗手區過於擁擠，把洗衣機、洗手檯、馬桶排成一直線，打造出寬敞的衛浴空間。最深處則是浴室。

O 宅，設計／ Green Gables（グリーンゲイブルス）

改裝前

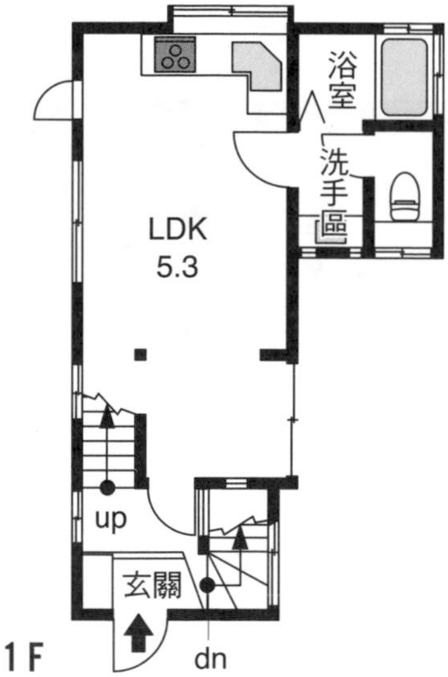

改裝後

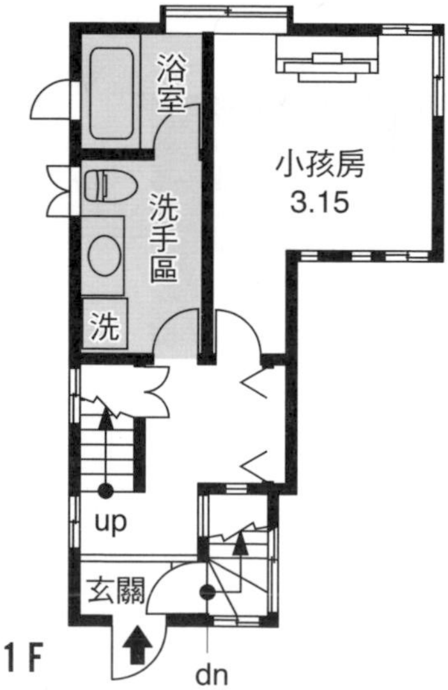

CASE 3

翻修關鍵

浴室暗暗的？把隔間牆換成玻璃。

洗手區與浴室之間以玻璃窗做區隔，連門板都改成玻璃材質，以提升開放感。如此一來，容易昏暗潮溼的衛浴空間，就變得明亮又舒適。
S 宅

7 增設洗臉盆，全家不再天天搶廁所

建議加大長檯與鏡子，或是設置兩座洗臉盆。

打造銜接左右兩道牆壁的長檯，鏡子也採用相同寬度（見左頁圖），就能確保充足的置物空間，也可以多人同時使用。

此外，若使用時間總是重疊，可以設置兩座洗臉盆（見一九四頁圖），若找寬達七十公分以上的洗臉盆，可供兩人並排刷牙（見一九五頁圖），所以不妨考慮這類型商品。深度方面，有的為十六公分，也有達二十公分以上，因此不僅少有水花飛濺，洗衣前在這裡做基本清潔或浸泡也很方便。

順帶一提，有些人習慣把洗完澡要穿的內衣褲或睡衣收在洗手區，所以別忘了規畫這方面的收納。

實用小單元

更換時搭配翻修專用供排水組件

更換洗面化妝檯時，搭配翻修專用的供排水組件，可以在不動到原本供排水位置的情況下，輕鬆換好整組。如此一來，可以選擇的洗面化妝檯類型就更廣泛，能按照喜好，設計成自己喜歡的樣子。

[可以全家共用的寬敞洗手區]

CASE 1

翻修關鍵
設計與牆壁同寬的長檯。

為了改善家人在早上搶衛浴使用權，將約 1 坪的洗手區擴大至 1.5 坪。並使用偏大的洗臉盆，長檯與鏡子也挑最大尺寸。
H 宅，設計／優建築工房

實用小單元

沒有熱水就增設電熱水器

洗手區假設只有冷水，可以另外裝設電熱水器，不必做大規模的工程，就能輕易使用熱水。

但洗臉盆下方必須有插座及設置電熱水器的空間。此外，這類型的電熱水器都是儲水型，儲水量依機型而異，必須確認煮水時間以及可連續使用多久。

CASE 2

翻修關鍵

沒地方放大洗臉盆，就改裝兩組最小尺寸。

使用致力研發衛浴設備的公司伊奈（INAX）的公用款洗手檯，讓洗手區極度簡約。並排的兩座洗臉盆，可以改善早上的混亂。復古型的水龍頭則為視覺焦點。

S 宅，設計／ P's supply homes（ピーズ·サプライ）

CASE 3

翻修關鍵

收納充足的 L 型長檯。

實木材與白色磁磚檯面，形塑出自然風情。量身打造的寬敞 L 型，可供一家人並排使用。長檯上下也設有充足的收納空間。

M 宅，搭配／ Handle（ハンドル）

CASE 4

翻修關鍵

可以並排使用的寬型洗臉盆。

設置與牆壁幾乎同寬的實驗用洗臉盆，以及橫長型的鏡子。實現了可供兩人並排使用的寬敞空間。

T 宅，設計／ OKUTA LOHAS studio

8 加點小裝飾，廁所也走時尚風

不管廁所呈現哪種風格，重點是使用時，要能放鬆。

廁所空間有限，材料費與施工費通常不會太多，因此不妨盡情打造出有特色的內裝。如果看膩了，之後可以DIY輕鬆更動，所以別害怕失敗，盡情發揮自己的創意。

本書很推薦選用與起居空間相同的牆壁塗裝、實木地板材等。務必在這個空間多發揮一點巧思，打造出舒適的氛圍，例如：設置壁龕、開放式收納架、時髦的吊燈等（見左頁圖、一九八頁圖）。

此外，若想換成無水箱馬桶，需要另外設置新的洗手檯（見一九九頁上方圖）。市面上有較小的洗手檯能輕易貼合牆面，若是空間實在不足，那麼在走廊上設置開放式的洗手檯，也是一種方法（見一九九頁中間圖、下方圖）。

實用小單元

更換馬桶時，選擇翻修專用型號

馬桶若屬於地下排水型時，建議選擇翻修專用的型號。這類馬桶的排水位置有一定的調節範圍，不必破壞地板，只要花幾個小時就能更換完成。

掛壁式馬桶同樣有相應的翻修專用型號，能配合本身排水管的高度輕易更換。

[廁所的翻修方案]

CASE 1

翻修關鍵

鋪設拼花木地板並設置裝飾架打造時髦氛圍。

廁所地板選擇與起居空間相同的橡木拼花木材，並以同色系的木板設置開放式收納架。門把與門鎖選擇黃銅材質，大幅提升質感。

S 宅，設計／ blue studio（ブルースタジオ）

實用小單元

大部分的馬桶都可更換免治馬桶座

馬桶主要分成一般尺寸與大型尺寸兩種，兩者都可以改成免治馬桶座，甚至有部分型號適用兩種尺寸，若想設置免治馬桶，先確認廁所裡是否有接地插座。

CASE 2

翻修關鍵

在小空間配大花紋。

廁所這類不會待太久的狹窄空間，正適合盡情發揮玩心。挑一面牆壁貼設繽紛且有大型花紋的壁紙，可勾勒出愉快的氛圍。

K 宅，設計／ Arts & Crafts（アートアンドクラフト）

CASE 3

翻修關鍵

用不同素材搭配出北歐風情。

牆壁漆成淡藍色，賦予其恰到好處的色彩。白色磁磚與灰色填縫的洗手檯、粗曠水泥磚打造成的翼牆等，這裡巧妙搭配不同的素材，形塑出洗練的氛圍。

S 宅，設計／一級建築士事務所・宮田一彥工作室

CASE 4

翻修關鍵

壁掛式馬桶，有如身處外國飯店。

將標準型的廁所改成有如國外飯店般的壁掛式馬桶，讓空間更加寬裕。

O 宅，設計／ FILE

CASE 5

翻修關鍵

在廁所外設置開放式洗手區。

2 樓廁所入口處，設有乘載著小型洗臉盆的 L 字型長檯。平常洗手也相當方便。

I 宅，設計／ FARO DESIGN（ファロ·デザイン）

CASE 6

翻修關鍵

繽紛的磁磚帶來明亮愉快的空間。

下側有收納空間的洗手檯，維生素色彩的馬賽克磁磚，成為可愛的視覺焦點。

T 宅，設計／ OKUTA LOHAS studio

第 11 章

陽臺廚衛一直線，家務少一半

1 縮短動線，家事更輕鬆

提升家事效率的訣竅在於動線規畫，搭配隱藏式收納會更方便。

只要縮短家事動線──做家事時的移動路線，就可以避免白費力氣，有助於提升做家事的效率。

想輕鬆做家事，規畫格局時，將工作時間較長的廚房安排在中心。讓廚房、洗手區與浴室相鄰，或是設計出以廚房中島為中心的環繞動線，這麼一來便能節省走動時耗費的勞力。

收納計畫也是讓家事更輕鬆的一大關鍵。將大型更衣室安排在廚衛空間附近，全家人的衣物都能放在這裡，之後收或洗衣服時就能一次搞定。

此外，開放式廚房可設置食品儲藏間，把不想被看見的雜物都藏到這裡，大幅減輕家事方面的壓力。

[縮短動線，家事更輕鬆]

CASE 1

翻修關鍵

增設可以在一個地方完成許多工作的家事間。

將原本的廚房改建成家事間，擺放洗衣機、流理檯，同時也是全家共用的衣櫥、雜物間（見右頁圖、右圖），因此管理物品很輕鬆。

M 宅，設計／ reno-cube（リノキューブ）

改裝前

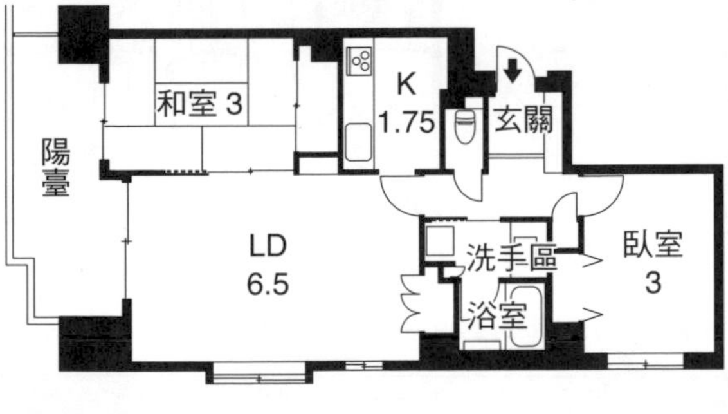

改裝後

CASE 2

翻修關鍵

以廚房為中心，做出環繞式格局以增添實用性。

改造成以廚房為中心的環繞式格局，能去除多餘的動線。將餐桌擺在廚房旁邊，讓上菜與收拾等家事都變得流暢。

M 宅，設計／ ANESTONE（アネストワン）一級建築士事務所

改裝前

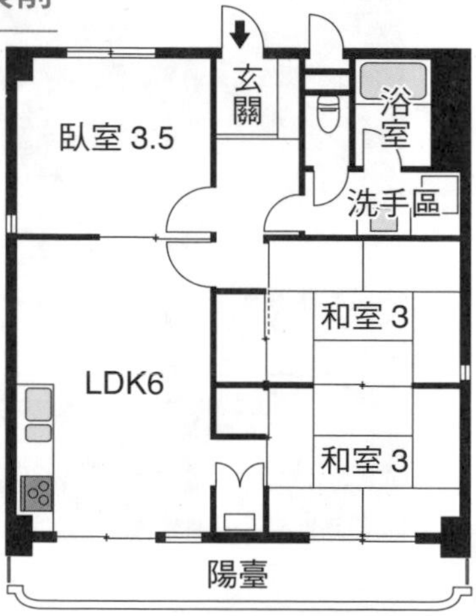

改裝後

CASE 3

翻修關鍵

用拉門藏起整間廚房。

此為寬達 15 坪的 LDK 一室空間。若突然有客人來訪，想遮蔽視線或提升冷氣效率時，可打開拉門。

H 宅，設計／ ATELIER 137（アトリエ 137）

（拉開拉門）

（用拉門擋住視線）

讓家事更輕鬆的關鍵

- ▶拉近廚衛空間的距離。
- ▶打造環繞式家事動線。
- ▶打造能夠環顧庫存的收納空間。
- ▶家事專用區也很方便。
- ▶縮短洗衣動線。

2 洗衣機放陽臺，取衣晒衣不再是苦差

訣竅是縮短洗、晒、收的動線。若有室內晒衣場所，會更方便。

提著溼答答的洗淨衣物在家裡走動，其實是一種重度勞動。不過只要晒衣場所設在洗衣機附近，就能縮短動線，減輕家事負擔。此外，若收衣後的熨燙與收納等場所也在附近，會更理想。

本書也建議打造適合雨天使用的室內晒衣空間，其關鍵在於只要開窗，就能讓空氣更流通。若能設置專用的晒衣間是最理想的，可以的話，將廚衛空間配置在同一直線上，並想辦法加強這條動線的通風。

若無法設置晒衣間，那麼可利用有高窗或天窗的樓梯間、樓中樓等，在這些空間使用摺疊式晒衣架即可，用完就可以收起來，不占空間。

[輕鬆完成洗衣、晒衣]

CASE 1

翻修關鍵

陽臺與廚衛空間配置在同一直線上。

廚房設在正中央，右側為洗衣機、洗手區與浴室，左側則配置可以晒衣服的陽臺。如此一來，不僅通風良好，洗衣方面的動線也很流暢。

U 宅，設計／ WILL（ウィル）

改裝前

改裝後

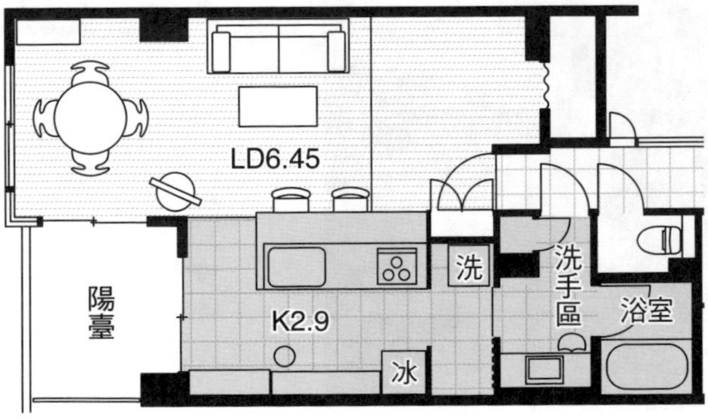

CASE 2

翻修關鍵

在洗衣室晒衣服，不怕碰到下雨天。

將廚房、洗衣室與浴室都集中在一起，中央配置充足的收納空間，打造出家事效率極高的住宅。碰到雨天時，也可以在洗衣室晾衣服，非常好用。

W 宅，設計／ takano home

改裝前

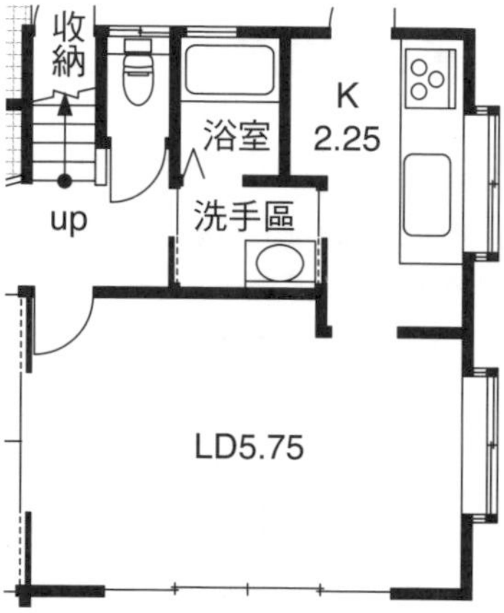

改裝後

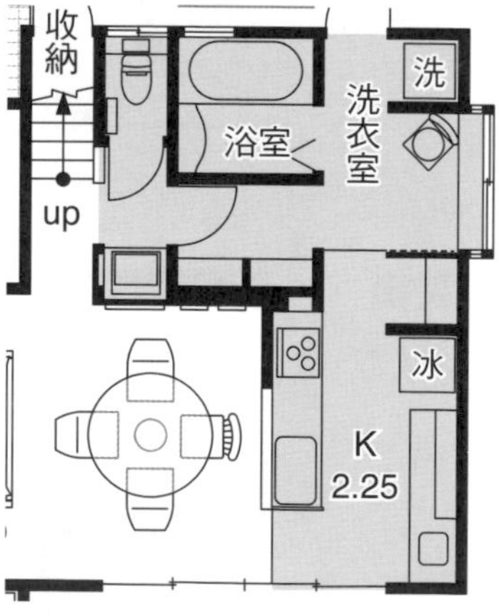

CASE 3

翻修關鍵

隔出家事間，提升洗衣效率。

將原本的廚房改建成家事間，除了有出入口能通往客廳外，與洗手區、浴室之間也設有開口，讓洗衣動線更加流暢。

S宅，設計／Arts & Crafts（アートアンドクラフト）

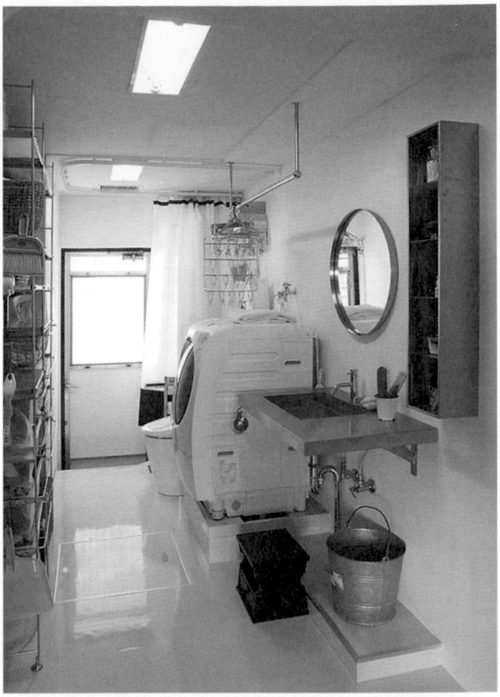

改裝前

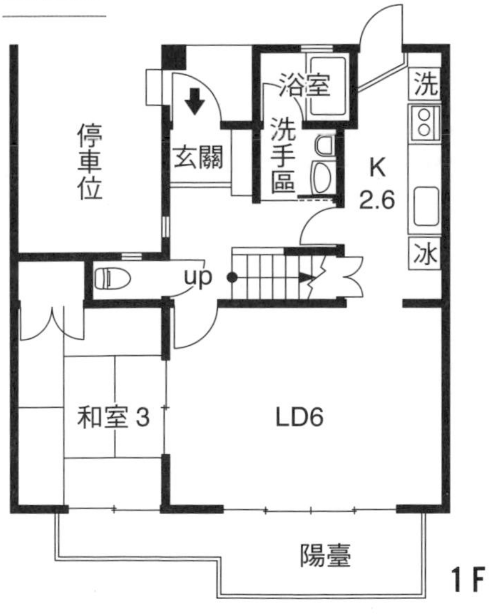

改裝後

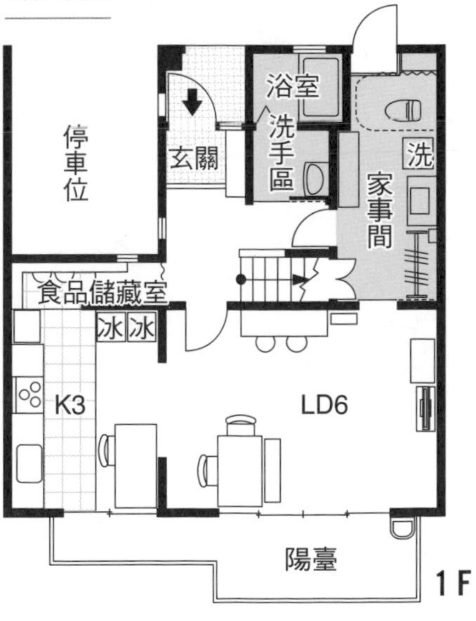

第 12 章

讓家裡不再堆滿收納箱

1 搬家或裝修，都要斷捨離

僅帶八成物品到新家——以此為目標開始減量。

即使透過翻修增加收納空間或買新的收納箱，卻總是很快堆滿雜物——這是相當常見的情況。解決「收」問題的重點，在於規畫翻修計畫前，先區分生活中真正需要的物品以及沒有也無差的東西（見左頁上表）。決定好要帶到新家的東西後，請仔細列出清單。衣物方面要確認衣櫃的尺寸，而書本、餐具等則要先確認現有櫃子的尺寸與數量（範例見左頁下表）。

要以收納容量為優先，還是以空間寬敞感為主？這方面的抉擇往往令人為難，因此絕對不能低估自己持有的物品量。若等日後收納空間不足才加購家具，內裝風格就無法維持一致。因此一開始就要設置充足的收納櫃，且沒有放滿是最好的。

怎麼決定要不要留？

只留真正必要的

不要把所有東西帶到新家，應減量至八成。

同樣的東西，不需要全留

思考手頭上的物品是否能夠替代？以衣物來說，只要保有幾件喜歡的，就能享受不同的搭配了。

決定好購物規則

不能想要什麼就馬上買。要先把舊的用完後再買新的。

定期斷捨離

無法立刻整理的文件，就設定保管期限後定期檢視。紙袋等只要超過一定的量就要處理掉。

掌握數量

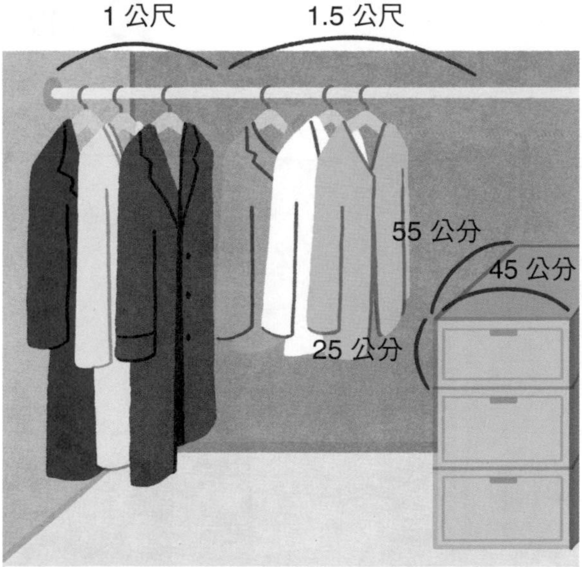

列出清單

- 較長的衣物：1 公尺吊衣桿能掛的件數。
- 較短的衣物：1.5 公尺吊衣桿能掛多少件衣服。
- 衣物收納櫃：3 個寬45公分×深55公分×高25公分的衣櫃。

用具體數值記錄持有物品量與種類，再依此制定收納計畫。

2 收納的原則，拿取收起都方便

重點是按照自身個性與持有物品量來規畫。

收納方法依照人的性格和習慣而有不同。物品少且擅長整理的人，可選擇能快速拿取物品的開放式收納。但雜物多又不擅長整理的人，就不適合這種方法，本書建議可用門板藏起雜物，或是做一個連深處物品都能輕易看見的抽屜式收納。

收納的基本原則，是物品要離使用場所近，以便拿取與收起。舉例來說，某住戶經常使用吸塵器，用完就直接放在一旁，沒有放回原處。這類人可以在LD設置專用的收納空間，如此一來，不管要用或收吸塵器都很方便。請遵守這個原則，根據物品和使用習慣打造出相應的收納空間。

[整理收納方案]

CASE 1

翻修關鍵

按照收納物品來分格。

除了衣服，連晒衣架、熨斗等都確實收納。這裡按照要收納的物品決定分格，此外可以露出局部空間的三片式拉門也很方便。

U宅，設計／KURASU

CASE 2

before

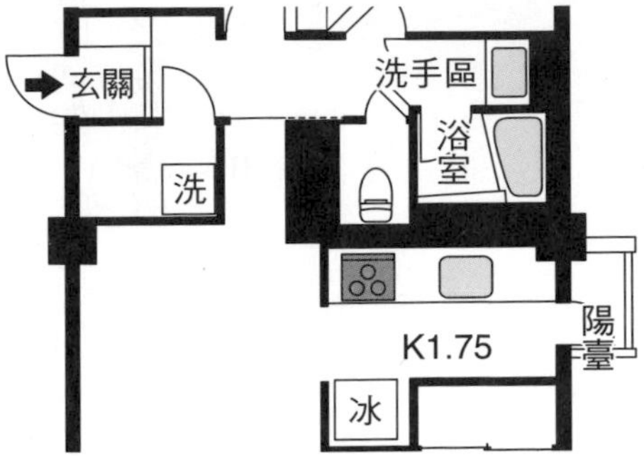

翻修關鍵
在玄關增設雜物間。

把原本放洗衣機的地方，改造成大型物品收納間。從電風扇到摺疊式腳踏車等占空間的物品，都可放在這裡。

I 宅，設計／ Bricks（ブリックス）。一級建築士事務所

after

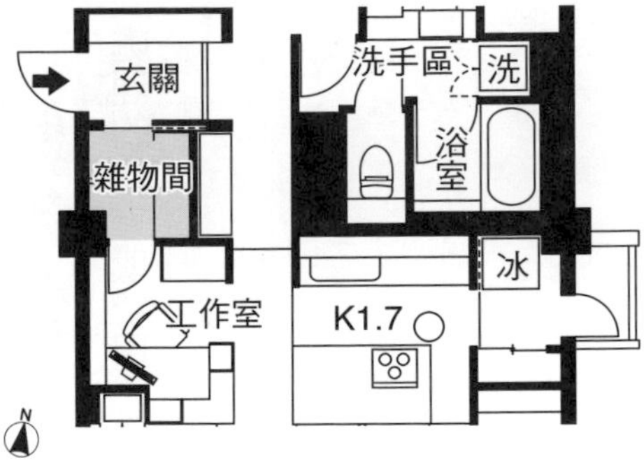

收納的基本原則

▶要靠近使用的場所。 ▶要一眼能看清內容物。 ▶拿取與收起都要很輕鬆。

3 房子小，更要設計收納間

善用畸零空間，就可以在維持寬敞感之餘增加收納容量。

翻修時，很多人都會提出要求「希望空間大一點」，但一味加寬生活空間而減少收納空間，反而容易讓家裡堆滿雜物，看起來很雜亂。

想要舒適居家生活，就必須打造適當的收納容量（見左頁圖）。這裡不妨著眼於畸零空間。像是樓梯下、走廊角落、工作檯下方等平常不會用到的地方，都可以用來收納。尤其要翻修時，更可以瞄準無法拆除的結構材周遭，例如活用突出的柱子或翼牆設置收納架，就可增加收納容量了（見二一八頁至二一九頁圖）。

之後若需要針對畸零空間施工時，要處理的地方或費用可能會比翻修時一併處理更高，所以請在翻修之前就先提出來並與設計師商量。

[　活用畸零空間來放東西　]

CASE 1

翻修關鍵

設置開放式收納架固定擺放日常在用的物品。

利用餐廳牆面量身打造融入環境的開放式收納架，不做門板有助於降低成本，同時也將繁雜的物品收納得相當整齊。

K 宅，設計／ WILL 空間設計（ウィル空間デザイン）

CASE 2

翻修關鍵

收納架，空間變大又有清爽感。

用訂製的開放式收納架來區分 LD 空間。不僅讓光線得以穿透，還能隨時欣賞喜歡的器皿與擺飾。

M 宅，設計／ IDÉE（イデー）

CASE 3

翻修關鍵

連樓梯下側也能放雜物。

將錯層式設計（按：指房間、廚房等不在同一平面，用幾階臺階作為隔斷）的階梯，打造成收納抽屜。捨棄把手，挖一個孔讓手可以伸進去，就能避免干擾上下樓，視覺上也更加俐落。

F 宅，設計／ m+o（エム アンド オー）

CASE 4

翻修關鍵

有效運用窗戶之間的畸零空間。

在窗戶與窗戶之間的小小牆面，放一個量身打造收納架。融入環境的色彩與設計，呈現一體感。除此之外，收納架還能隱藏冷氣管線。

I 宅，設計／ Bricks（ブリックス）。一級建築士事務所

CASE 5

翻修關鍵
利用窗邊高低差打造收納。

陽臺透過翻修鋪設木地板，配合陽檯風格在窗邊設置收納型踏板，非常適合收納 CD。

K 宅，設計／ nu renovation（nu リノベーション）

CASE 6

翻修關鍵
將樓梯下方空間打造成方便兒童使用的收納區。

客廳需要的收納，就交給樓梯下方的畸零空間。這裡為孩子的玩具安排適當的位置，因此客廳能長久維持乾淨。

I 宅，設計／ IS ONE Reno*Reno（アイエスワンリノリノ）

4 餐盤太多怎麼擺？

常用的餐具擺在好拿的位置。

一般餐具櫃最好用的深度是三十至四十五公分，過深會不便拿取，所以按照餐具尺寸設置偏淺的架子，讓人好拿、好收。

放在廚房的餐具櫃，很適合邊煮飯邊準備餐具（見下圖），在收餐具時也很方便。此外，仿效咖啡廳打造開放式收納架，將喜歡的餐具當作裝飾的做法也很受歡迎（見左頁圖）。開放式收納架拿取物品輕鬆，少了門板還能縮減成本。想適度遮蔽餐具或擔心灰塵問題時，不妨選擇玻璃門。

[餐具也能成為擺飾的一部分]

CASE 1

翻修關鍵

活用既有吊櫃的設計。

吊櫃是房子原本就有的，經屋主整理後，成為風格復古的收納櫃。選用毛玻璃，能適度遮蔽視線。

O宅，設計／ANESTONE（アネストワン）一級建築士

CASE 2

翻修關鍵

在中島的 LD 側設置餐具櫃。

活用中島工作檯的深度，在 LD 側打造了餐具櫃，擺出用餐需要的器皿，一下子就能拿取，相當方便。

I 宅，設計／ Bricks（ブリックス）。
一級建築士事務所

CASE 3

翻修關鍵

做一個展示與收納兼具的架子。

上側設置開放式收納架，用來陳列喜歡的器皿，下側則為門櫃。

H 宅，設計／ Eight Design（エイトデザイン）

CASE 4

翻修關鍵

增設與牆壁一體成形的大容量收納櫃。

在廚房其中一面牆設置高至天花板的餐具櫃，使用時，將拉門推到右邊，關閉後，就像雪白牆壁一樣清爽。

I 宅，設計／山崎壯一建築設計事務所

5 把壁櫥改良成收納間

壁櫥太深不好拿東西？放兩支吊衣桿就能解決問題。

有些壁櫥深度大約是七十五至八十五公分，而好用的收納間深度則為四十五至六十公分，如果想將壁櫥改成收納間，關鍵就在於如何運用這種深度的落差。

舉例來說，裡面可設置前後兩支吊衣桿，前方掛當季衣服，後方放過季衣物。拆掉頂櫃則可確保充足的高度，這時就可以直接放進原有的斗櫃。

翻修關鍵

壁櫥改成衣物收納間。

拆除頂櫃後，放入斗櫃，斗櫃下方空間設置前後兩支吊衣桿。以布簾取代門板，則有效降低支出。

U 宅，設計／ Atelier GLOCAL（アトリエグローカル）一級建築士事務所

改裝前

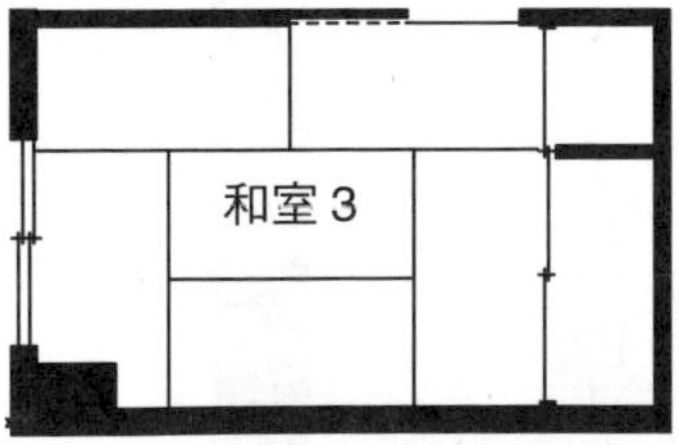

改裝後

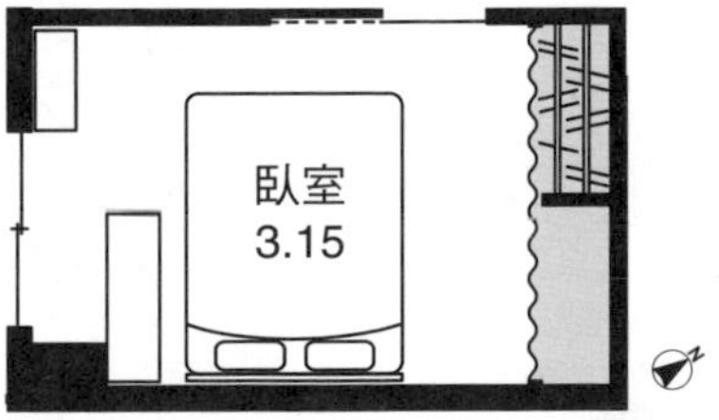

6 收納，要考量家事動線

重點是考量生活模式與家事動線，再把收納用品配置在方便拿取的地方。

其實，只要在家裡某處做出一個收納空間，人們就不用為了找東西或收納而走來走去。打造收納空間很簡單，只要留一間房間，再按照需求搭配市售的架子即可。這麼做不僅省錢，日後若生活型態有所改變，還能隨時調整收納模式，更靈活的運用空間。

此外，雖然現在將更衣間與臥室設在一起是主流，但是考量到家事省時與生活動線，本書建議更衣間可配置在浴室與洗手區附近（見左頁、二二六頁圖）。按照「洗手區（洗衣機放置處）↓陽臺↓更衣間」動線安排，洗衣服時會相當方便且輕鬆。

[實用衣櫥的點子]

CASE 1

翻修關鍵

更衣間和陽臺、洗衣機排在一起，生活動線更流暢。

可以從玄關、臥室與洗手區出入的更衣間，從早上起床到晚上洗澡後的盥洗都很方便。

S 宅，設計／ blue studio（ブルースタジオ）

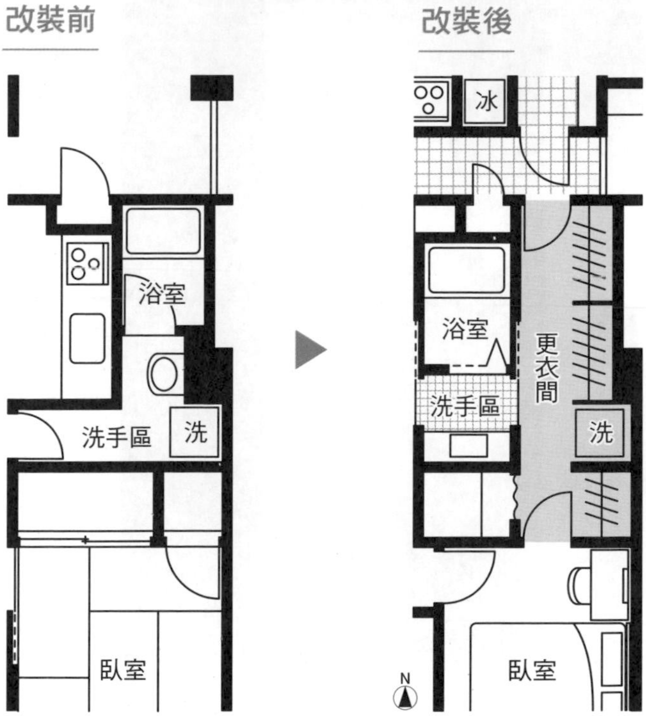

CASE 2

翻修關鍵

在浴室旁設置更衣間，收納全家衣物。

在浴室附近設置更衣間來收納家人的衣物。因此洗好衣服要收起來時，只要前往一個場所就夠了，洗澡前準備換洗衣物也很方便。

F 宅，設計／ IS ONE Reno*Reno（アイエスワン リノリノ）

改裝後

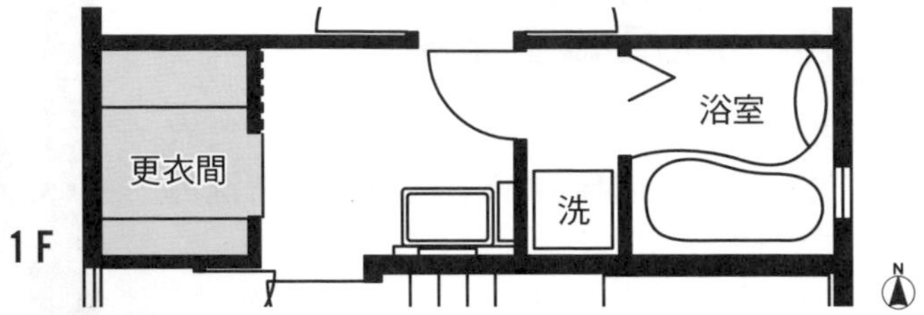

CASE 3

翻修關鍵

用牆壁與門板切割空間，增設臥室的收納容量。

在 5 坪的臥室北側增設約 1 坪的衣櫥。雖然多了牆壁和門板，但門板搭配通風良好的百葉窗，所以溼氣不會悶在這裡。

M 宅，設計／ LEGENDARY HOME（レジェンダリーホーム）

改裝前

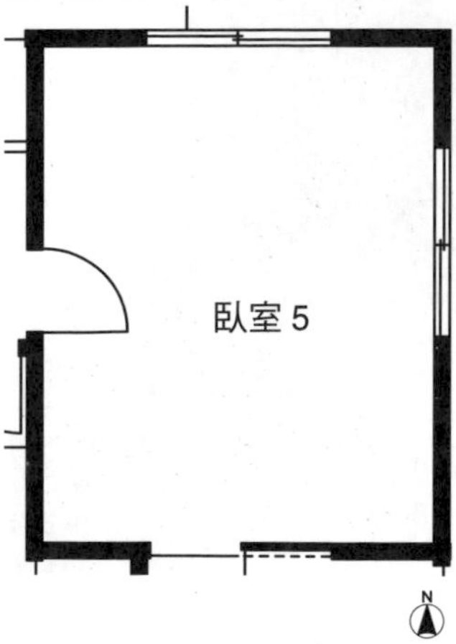

改裝後

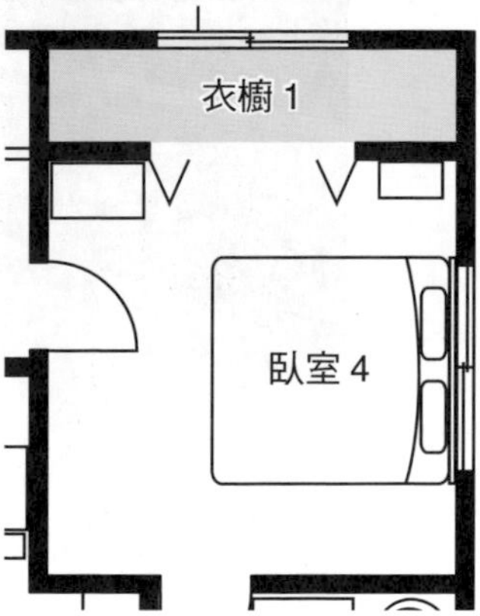

CASE 4

翻修關鍵

用市售家具在房間裡隔出更衣間。

在房間中央設置幾個 IKEA 收納架背對背、左右並排，隔出一個好用的更衣間。

M 宅，設計／ IDÉE（イデー）

7 超完美書架設計

善用牆面、活用市售品或是滑軌式收納架。

若有一座占滿整面牆的書櫃，不僅能實現收納功能，還可以促進家人交流，例如：孩子能讀父母喜歡的書、夫妻可以互相分享感想。

對書櫃細節很講究的人，可找家具行訂製但費用會比較高。不想花太多錢又想擁有漂亮書櫃，可善用市售品。按照牆壁凹槽配置適合的市售櫃子，能讓書櫃看起來像是為自宅量身訂製一樣，視覺上也會很清爽。

除此之外，本書也很推薦使用壁掛式書架，這種商品可以按照書的尺寸與數量，自由調整層板的位置與數量，相當方便（其他藏書方式見二三〇頁、二三一頁圖）。

[增加藏書空間]

CASE 1

翻修關鍵

只有層架的書櫃，讓書成為擺飾的一部分。

灰泥塗料牆上的褐色層架相當亮眼，形成簡約、沒有壓迫感的書櫃。刻意露出喜歡的書本封面等，讓書櫃兼具妝點效果。

T 宅，設計／ Eight Design（エイトデザイン）

CASE 2

翻修關鍵

藏在 LDK 一角的隱密書庫，散發沉穩氛圍

占滿兩面牆的書櫃，賦予書庫區恰到好處的隱密感。搭配榻榻米與縱向格柵，形塑出沉穩的氛圍。

T 宅，設計／ Style 工房（スタイル工房）

CASE 3

翻修關鍵

埋在牆裡的書櫃毫無壓迫感。

層板深度與牆壁對齊，使書櫃融入整體空間，醞釀出清爽的視覺效果。

H & T 宅，設計／ WILL 空間設計（ウィル空間デザイン）

8 廚房總被調味料、廚具占滿

在廚房後方或是側邊設置食品儲藏間。

如果覺得廚房的東西多到放不下，可設置食品儲藏間。只要設在廚房的後方或側邊，就可以隨時使用（見左頁圖、二三四頁圖），因為隔出一個空間，所以就算儲藏間使用的層架較淺，也能確保足夠的容量。

設置食品儲藏間時，由於需要保留出入口，所以平常要留心整理，才不會讓物品生灰塵。這時若選擇較淺的收納架，能讓人一眼可以看清內容物，大幅提升實用度。

冰箱與垃圾桶等也可以放在食品儲藏間，這麼一來廚房會顯得更加寬敞（見二三五頁圖）。若設置可從走廊進出的食品收納間，拿取物品也很方便，或者也可以做一個收納櫃（見二三六頁圖）來放食品或餐具等。

[食品儲藏間方案]

CASE 1

翻修關鍵

大容量食品儲藏間 冰箱也放得下。

在廚房一角設置足以容納冰箱的食品儲藏間。屋主做可調整式收納架時，刻意選擇較淺的層板，讓人更容易確認食品庫存，拿取與放置也較為方便。

F 宅，策畫／ ReBITA（リビタ）

改裝前

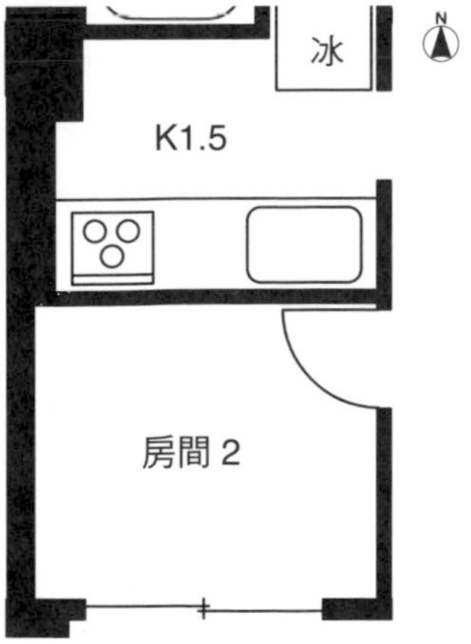

改裝後

CASE 2

翻修關鍵

用牆壁區隔出小小收納空間。

利用角落確保三角形空間，並在內部設置收納架。省下門板更好取物，拱狀開口則為空間視覺焦點。

K 宅，設計／ OKUTA LOHAS studio

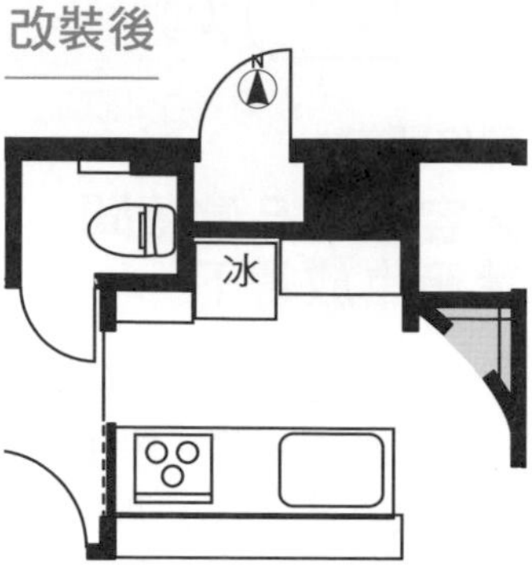

CASE 3

翻修關鍵
有效活用陽臺前空間。

把獨立式廚房改成開放式的同時，也把對 LD 來說是死角的空間融入廚房後方，並將冰箱擺在這裡以減少生活繁雜感。

I 宅，設計／ Bricks（ブリックス）。一級建築士事務所

改裝前

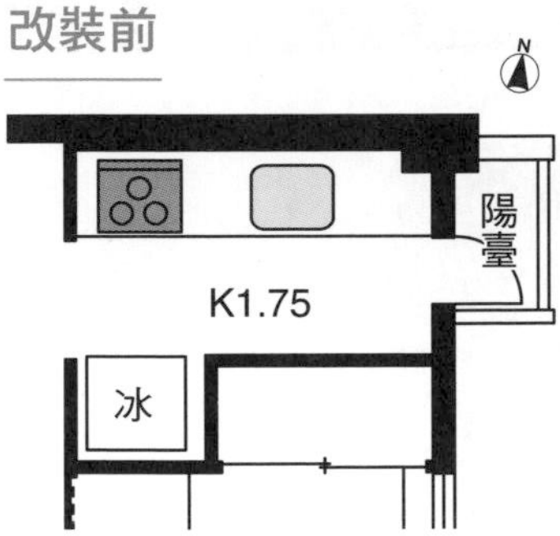

改裝後

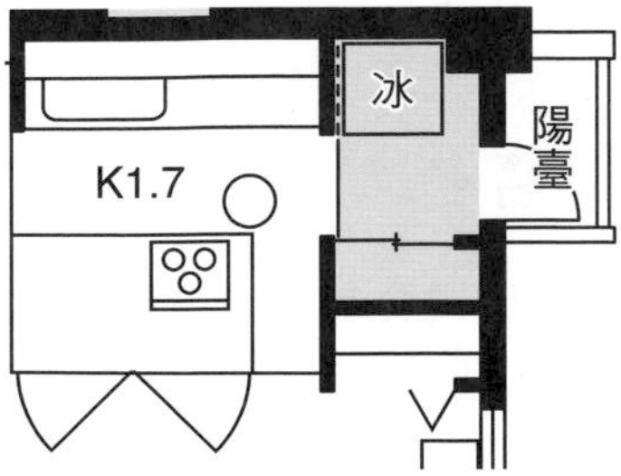

CASE 4

翻修關鍵

占整面牆的收納櫃，轉身就可取物。

在廚房工作檯後方，訂製從地板到天花板的食品收納櫃。霧面玻璃門不只讓人一眼可看出物品擺放位置，也能減輕壓迫感，讓廚房更顯明亮。

H宅，設計／優建築工房

CASE 5

翻修關鍵

在廚房兩側，設置與牆壁融為一體的收納櫃。

在廚房兩側設置收納櫃，一個用來放置食品，一個除了食材外還會擺放食譜、戶外用品與打掃工具。

H宅，廚房設計／ekrea

9 洗面乳、肥皂、牙刷牙杯堆滿滿

按照兩側牆壁的距離打造壁龕型收納，或活用洗衣機上方的空間。

只要有〇・五坪乘以二・四公尺高的空間，就足以收納一家四口的毛巾與內衣褲（見下頁上圖）。若空間沒有這麼大，就要設置有收納功能的洗手檯（見下頁下圖）。例如，可將鏡子面積縮到最小可接受的尺寸，然後剩下的牆面均設置收納架。利用洗手檯旁邊的牆壁厚度，設置壁龕型收納櫃也很有效，這裡可以放洗面乳、保養品等各種物品，相當方便。

此外，洗衣機上方也是可活用的空間，缺點是拿放物品會不太順手。本書建議選擇開放式收納架，將高度控制在伸手就可以拿到的二至三層，這麼一來，即使空間狹窄也不會有壓迫感。

[讓洗手檯不再混亂]

CASE 1

翻修關鍵

在洗手檯後方設置全家用的收納架。

在洗手檯後方設置占滿整面牆的收納櫃，可容納全家人的衣物與毛巾。由於收納櫃分層不多，只做了簡單的切割，因此可以混搭市售籃子與盒子。

F 宅，設計／ m+o（エム・アンド・オー）

改裝後

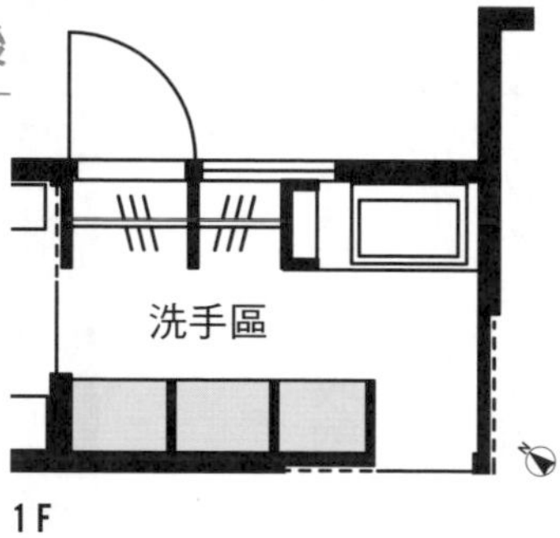

CASE 2

翻修關鍵

選購收納容量充足的市售品。

選擇收納容量充足的市售品。例如，可買下方有抽屜的洗手檯，及可在後方放置物品的鏡櫃。

K 宅，設計／ Style 工房（スタイル工房）

CASE 3

翻修關鍵

製作牆壁融為一體的收納櫃。

活用洗手區牆面，設置數個收納櫃。鏡子後方可擺放保養品等，洗衣機上方則可放置衣架與清潔劑。

I 宅，設計／ Bricks（ブリックス）。一級建築士事務所

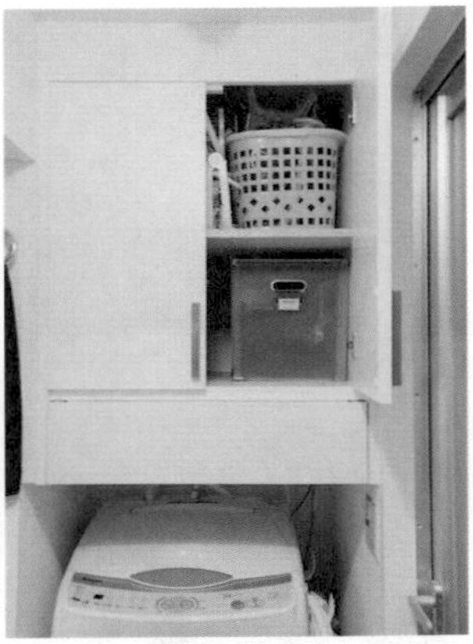

10 再小的廁所也能有收納

就算收納深度只有十五公分也很夠用，所以請善用馬桶旁或後方牆壁。

就算廁所收納空間的深度只有十五公分，也足以擺放衛生紙、打掃用具與日常雜貨等。不妨善用兩側牆壁之間的距離，在馬桶後方的牆面、側邊設置壁龕收納，有效運用空間（見下方圖）。

CASE 1

翻修關鍵

在無水箱馬桶後方做櫃子。

在後方牆壁設置上櫃與下櫃等收納空間，中間則當成展示架使用以減輕壓迫感。

I 宅，設計／Bricks（ブリックス）。一級建築士事務所

CASE 2

翻修關鍵

在側邊牆邊增設較淺的收納架。

側邊牆壁量身打造較淺的收納架，上側為開放式、下側則裝有門板。可以在享受陳列裝飾品的樂趣之餘，藏起不想外露的備品。

T 宅，設計／ OKUTA LOHAS studio

11 窄玄關看起來很寬敞

增設步入式鞋櫃，或是活用門廳、走廊。

可從落塵區直接打赤腳的步入式鞋櫃非常受歡迎（見下頁、二四三頁圖），這裡除了能放全家人的鞋子、雨具外，還可以收納戶外用品，相當方便。由於步入式鞋櫃很容易堆積雜物，所以最好搭配門板或布簾等遮蔽。

若你住的是公寓，玄關空間可能有限，這時不妨善用門廳或走廊，在寬度充足的牆面設置淺型收納，不只能幫助家人很好找東西，取物與放置也都很方便（見二四四頁圖），所以本書相當推薦。

若是要放置僅需使用幾年的嬰兒車，只要在落塵區的牆邊設置開放式的凹槽，日後不需要嬰兒車時再增設層板，改造成開放式收納架。

[玄關不再被雨具、鞋子堆滿]

CASE 1

翻修關鍵

步入式鞋櫃不只放鞋，也能收納外出包、外套。

在玄關旁邊設有能分別從落塵區與門廳進入的收納空間。只要加上桿子或收納架，連包包與外套都能徹底收好。

I 宅，設計／ INOBUN interior shop 事業部（イノブンインテリアストア事業部）

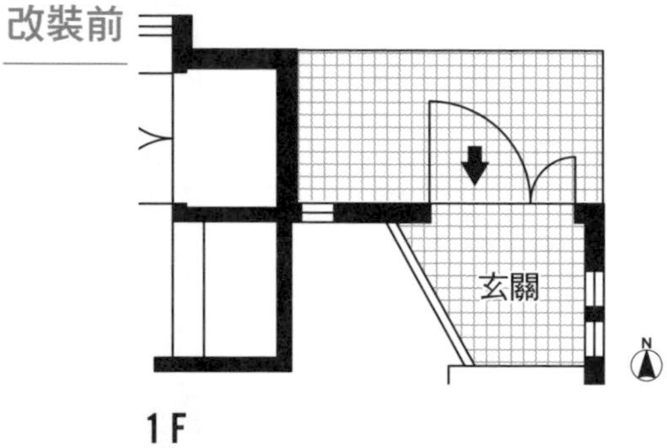

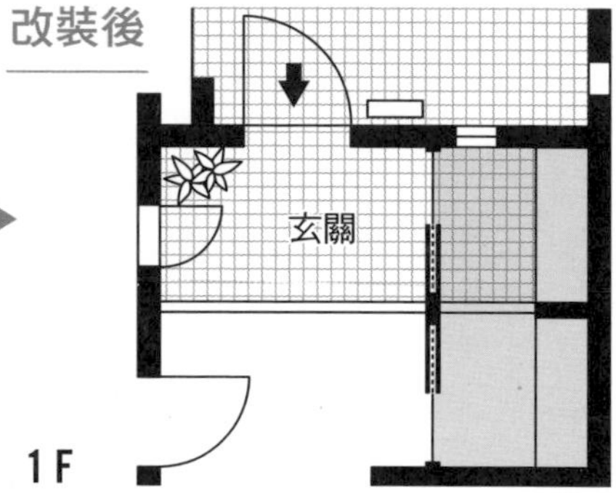

CASE 2

翻修關鍵

空間要足夠放嬰兒車或傘具等雜物。

大幅拓寬玄關空間，打造出可以走入的鞋櫃兼雜物收納間。不僅可以將戶外用品擺放在此，要把東西搬上車或是從車上搬進來時也輕鬆多了。

I 宅，設計／ IS ONE Reno*Reno（アイエスワン リノリノ）

改裝前

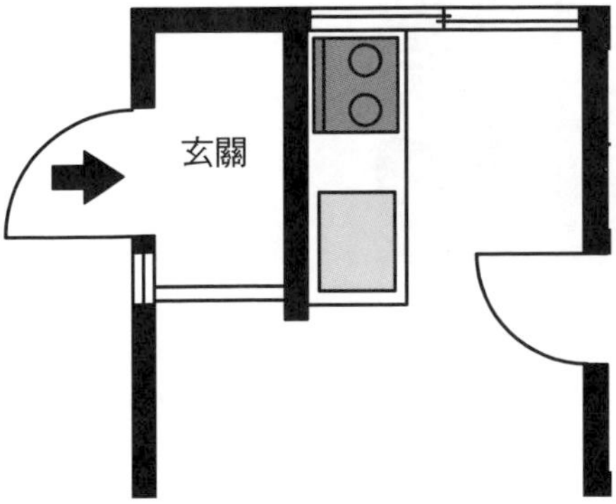

改裝後

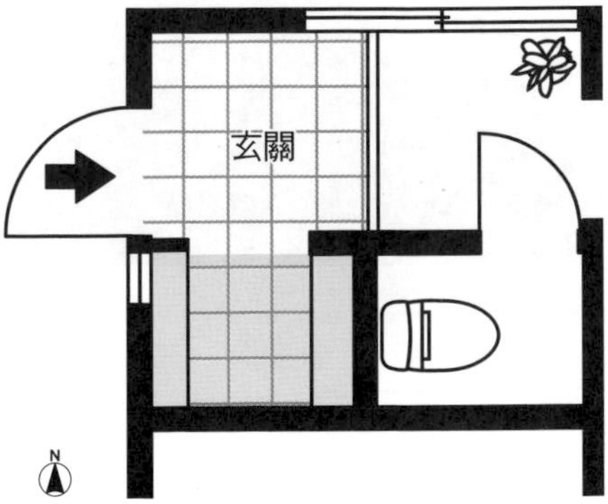

CASE 3

翻修關鍵

高至天花板的鞋櫃沒有壓迫感又有足夠的容量。

鞋櫃與牆壁一樣都是白色，營造出清爽的視覺效果。鞋櫃下方做開放設計，能消除壓迫感。

M 宅設計／ANESTONE（アネストワン）一級建築士事務所

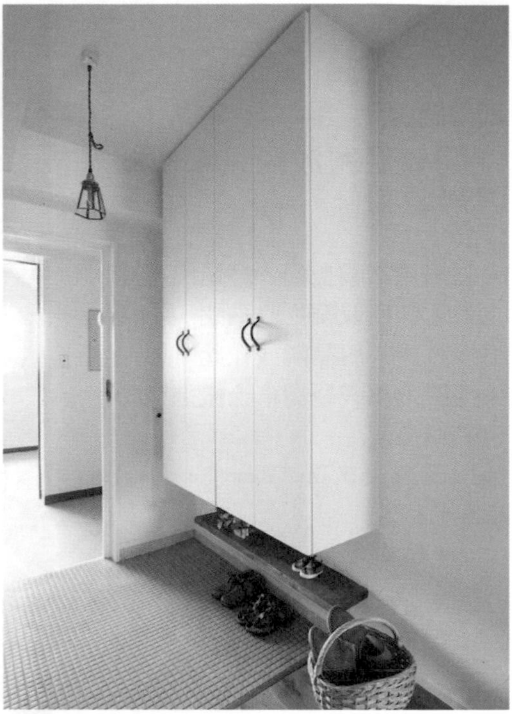

CASE 4

翻修關鍵

在走廊增設大型牆面收納。

利用偏寬的走廊，設置大型牆面收納。一半是鞋櫃，一半是書櫃，面向落塵區的部分則採用開放式收納，使空間顯得開闊。

T 宅，設計／ KURASU

12 門板最占空間，能省就省

請木工打造設計簡約的置物設備，或是運用現有的家具。

請木工根據現場製作收納時，較能充分利用畸零空間，但價格比系統家具貴一些。由於門板、抽屜等都會影響材料費與施工費，所以造型上越簡單越好，這裡就非常推薦開放式收納架（見下頁圖）。光是少做一片門板就能縮減很多成本，如果有需要遮蔽視線的地方，不妨改用布簾（見二四七頁）。

此外，也可以在翻修工程時僅打造簡單的箱狀空間，不針對內部做細節設計，而是活用市售架子或收納盒等（見二四八頁圖）。牆壁與地板都直接保留原本的模樣，不要另外裝潢的話又更加省錢了。

按照現有家具的尺寸設計能設在牆上的櫃子，或是打造出將現有家具嵌入牆中似的空間，同樣有助於降低開銷。

[省錢收納技巧]

CASE 1

翻修關鍵

省錢，就是善用現有家具。

以前在用的金屬收納架，奇蹟似的與冰箱旁的空間完全吻合，因此便拿來充當廚房收納。另外也裝上捲簾，以利平日遮蔽視線。

O 宅，設計／空間社

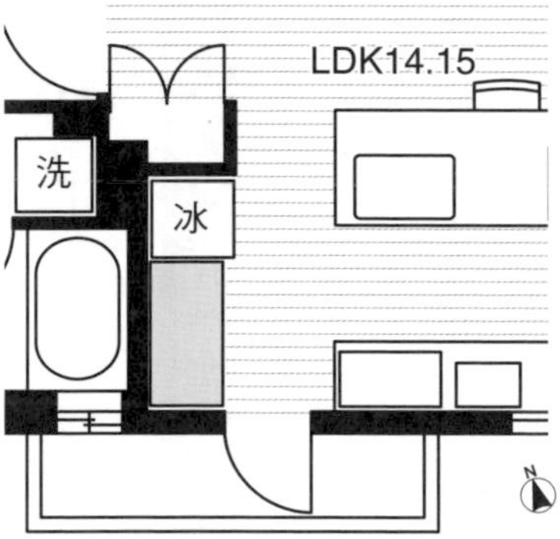

改裝後

CASE 2

翻修關鍵

開放式收納架不但時髦，也很方便拿放物品。

在廚房設置僅以支撐架和層板組合而成的簡約開放式收納架，關鍵在於設在伸手就可拿取的高度。淺灰色牆壁則為空間的視覺焦點。

U 宅，設計／ FILE

CASE 3

翻修關鍵

省下收納櫃門費用，拿放物品也順手。

臥室一角設有高至天花板，容量非常大的收納空間。考量到使用順手度而決定放棄門板，改用布簾遮蔽視線。

W 宅，設計／ SUMA SAGA 不動產（スマサガ不動産 ）

CASE 4

翻修關鍵

不裝門板，以布簾遮蔽視線

未來打算切割出小孩房的全家共用臥室，省略了衣櫃的門板，用布簾代替以節省成本。

M 宅，設計／ FILE

CASE 5

翻修關鍵

洗手檯下方櫃子不做門板，方便擺入市售收納箱。

洗手檯下方採用開放式的簡約設計，少了門板與抽屜，能有效降低材料費與施工費，且更加通風，對抗衛浴的潮溼。

H 宅，設計／ ATELIER 71（アトリエ 71）

after

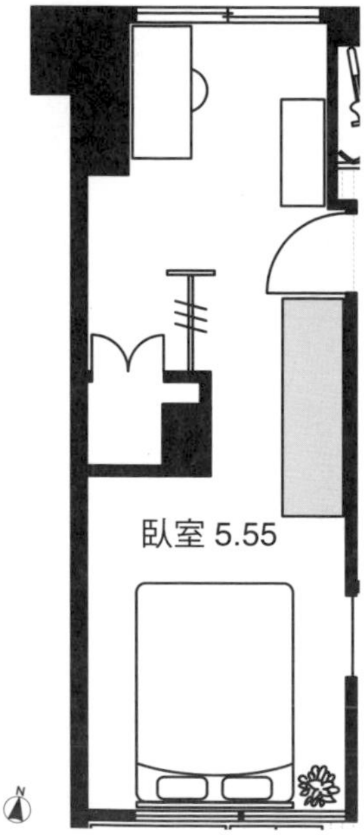

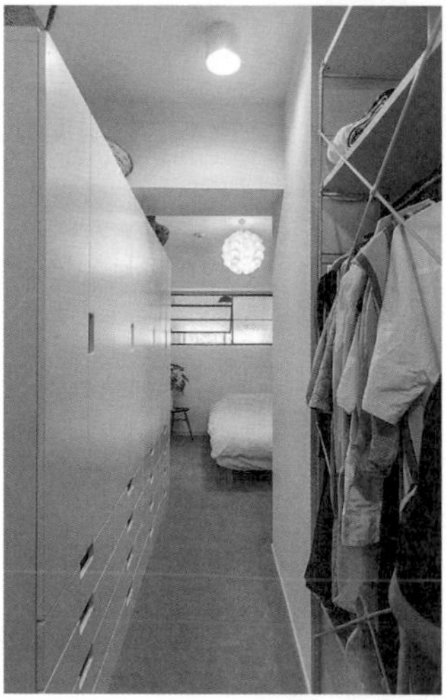

CASE 6

翻修關鍵

選擇比木作家具更便宜的 IKEA 衣櫃，也能壓低預算。

藉由裝修，將兩間房間合併，中間改放 IKEA 衣櫃，做成更衣間，大幅提升衣物的收納量。

I 宅，設計／
blue studio（ブルースタジオ）

第 13 章

建材，
會改變氛圍

1 想換地板，一定要拆原來的嗎？

請先確認既有地板的狀態，如果沒什麼問題，直接覆蓋就好。

家中已經鋪有木地板，若表面沒有凹凸或變形，可直接在上面鋪一層新的，不但省下拆解、清運與處理等費用，還可以縮短工期。

適合直接鋪在原本地面上的木地板，通常採六至七公釐的薄型設計，但仍會使鋪設處的地面變高，與沒鋪新地板的地方出現高低差，這時要用修邊條來處理。若地板使用厚度僅一・五公釐的超薄型，就不會有明顯的高低差。

原本的木地板有明顯變形等異狀時，必須拆除以確認底部狀態。確認完後再視情況施以適當的裝修。

此外，有些人會在家裡設置和室，考量到榻榻米厚度，地面會低於其他空間，因此要把和室改裝成一般房間的話，必須透過底部工程來調整高度（見一四九頁）。

如何翻修地板

直接覆蓋

直接在原本地板上鋪設新的地板飾材，可以省下拆除、清運與處理費用，有助於降低成本並縮短工期。

重鋪

拆除原本的地板後重新鋪一層。雖然費用會比較高，但拆掉地板後可檢查底部狀態，還能選喜歡的地板飾材。

列出清單

- ▶按照既有地板狀態，選擇適當的施工方法。
- ▶視情況搭配隔音工程（參照 259 頁）。
- ▶要將和室改成一般房間時，要想辦法消除地板高低差。

2 PVC 地毯與塑膠地板，好清洗又便宜

PVC 地毯與塑膠地板都容易清潔又便宜。

PVC 地毯與塑膠地板都是耐水性高又好保養的材質，尤其 PVC 地毯的觸感較柔軟，即便到了冬天，也不容易變得冰冷。除了價格便宜，顏色以及花紋都很豐富，逼真呈現磁磚、石紋或竹子等質感，讓人以合理的價格演繹出理想的氛圍。

主要種類

PVC 地毯

墊子狀的 PVC 地板材，具有緩衝性和耐水性，且施工簡單，同時也具有耐水性。

塑膠地板

原料包括 PVC 樹脂、碳酸鈣等的薄型板狀地板材，不容易損傷或髒汙。

經驗談

我刻意選了不容易看膩的偏亮色彩。這種材質不但摸起來舒服，也不怕孩子弄髒。
——三十多歲，住在東京某公寓

夫妻倆一開始先看樣本決定材質與色彩的統一感，接著又逛了許多展場等才決定購買。
——三十多歲，住在千葉縣某公寓

從兼具設計感和實用性的角度挑選時，預算總是壓不下來，所以我們做了一定程度的妥協。
——三十多歲，住在滋賀縣某獨棟

3 看型錄不準，索取樣品多比較

表達喜好後交給專家選擇，但務必確認實品。

選擇建材最重要的基準就是自己的喜好，不過若能顧及空間溫度、潮溼程度、腳步聲等問題，住起來的舒適度會截然不同。

選擇時，不要只看目錄，也應前往展售中心等確認實品、索取樣品，仔細確認顏色與質感。但要從眾多產品中看出細微差異，其實非常困難。所以不妨找到符合自己喜好、品味的設計師及施工業者，確實告訴對方自己的理想，由專家協助尋找適當的材料，並要確認實品是否符合自身要求。

4 實木地板觸感好，保暖性強

實木地板材保暖性佳，觸感也很舒適，即使有損傷也別有一番風情。

很多人在翻修時，會選擇質感好、觸感舒服的實木材，等完工住進去後，他們對住宅的滿意度都很高。

在五花八門的樹種中，最推薦堅硬又不易損傷的橡木材與櫸木材。即便木材稍微凹陷，只要使用蒸氣即可恢復平坦，再加上具有一定厚度，所以修復時可以只削掉表面。

實木地板材的另一大優點，是即便到了冬天，地板也不會太冷，打赤腳走在上面覺得很舒服。這是因為松木材與杉木材等較軟的針葉樹型木材內含空氣，所以保暖性較高，踩起來會感覺微微的溫暖。

想要徹底發揮實木材的優勢，本書建議施工時不要塗裝，如此一來，還能享受實木本身的色澤變化。雖然實木地板有這麼多好處，但公寓住宅可能限制地板材質，所以在變更地板材之前，請務必確認管理規約。

[常見的實木地板材種類]

CASE 1　松木材

材質柔軟所以很好加工，特徵是木節較多。偏白的色澤會隨著歲月產生變化，觸感極佳，能帶來恰到好處的溫暖。

北美產西黃松風格樸質，而這裡特別選擇寬達 17 公分的類型，以表現出木節的美感。
U 宅，設計／ P's supply homes（ピーズ·サプライ）

帶有少許黃色的明亮柔和色彩來自於西黃松。與珪藻土塗裝的牆壁，交織出被自然素材包圍的舒適空間。
K 宅，設計／ P's supply homes（ピーズ·サプライ）

CASE 2 杉木材

特徵是筆直的木紋與較大的木節，質地輕盈柔軟，走路時，對腰腿負擔較小，作為地板材越來越受歡迎。擁有獨特的香氣，是日本的代表性樹種之一。

透過自行油漆塗裝，賦予其更豐富情致的杉木地板。偏大的木節，成了空間的視覺焦點。
S 宅，設計／ TRUST（トラスト）

CASE 3　橡木材

橡木是落葉樹楢木與常綠樹櫟木的總稱，強度與耐久性俱佳，略粗的青溪木紋與淺褐色都很受歡迎。四處都分布著人稱「虎斑」的獨特紋路。

該住戶挑了尺寸偏短的橡木地板材，讓地面深淺差異造就視覺焦點。

U 宅，設計／ KURASU

CASE 4　柚木材

不必塗裝也會散發自然光澤的高級地板材。深色部分會隨著歲月流逝逐漸消失，取而代之的是優美的金褐色。膨脹收縮率較小，耐水性與耐久性極佳，甚至可用在船舶甲板上。

帶有紅色的柚木材，更突顯出復古氛圍，此外，白色內裝凝聚了視線。由於是耐水材質，所以可以安心用在廚房一帶。

O 宅設計／ ANESTONE（アネストワン）一級建築士事務所

CASE 5 櫻桃木材

擁有細緻滑順的觸感，自古就是高級家具常用的木材。明亮的琥珀色會隨著時光逐漸散發光澤並加深，讓美感益發深遠。

右圖使用美國黑櫻桃木製成的家具，是偏紅的實木材。讓原本鋪設地毯的LD，變得更加有型。
K 宅設計／nu renovation（nu リノベーション）

CASE 6 梣木材

色調與橡木材相似，但木紋更加清晰有力。儘管材質偏硬但很容易加工，有一定的彈性，很適合當作地板材使用。就質感而言，不論日式裝潢或西式風格都很契合。

該住戶格外講究簡約設計，所以採用了色調明亮的梣木材。原本是兩間相連的昏暗房間，經過改造後就變得明亮，和白色內裝相輔相成。
F 宅，設計／m+o（エム・アンド・オー）

5 家裡小孩愛跑跳，得選隔音建材

善用隔熱材或底料，此外，用隔音地板或隔音墊也很有效。

想加強房子的隔音性能時，除了牆壁、天花板與地板外，有些公寓連管線空間周圍也要顧及。

只要牆壁與天花板使用有隔音功能的隔熱材，而底料使用兩層石膏板以提升密度，或是做雙層窗（見下頁圖、二六一頁上圖）就可以阻擋聲音。至於家中有鋼琴的住戶，可在底料部分加鋪隔音墊。

尤其公寓更應藉由隔音地板或隔音墊等（見二六一頁下圖），對噪音做好萬全的準備。要注意的是，公寓住戶選擇的地板材，必須符合管理規約制定的隔音等級，所以選購前要確認清楚。而品質不穩定的實木地板材難以測出隔音性能的數值，所以底部必須鋪設隔音墊，確保一定程度的隔音。

可提高隔音性能的建材

- ▶隔音墊。
- ▶隔音地板。
- ▶具隔音功能的隔熱材。
- ▶鋪設兩層石膏板。

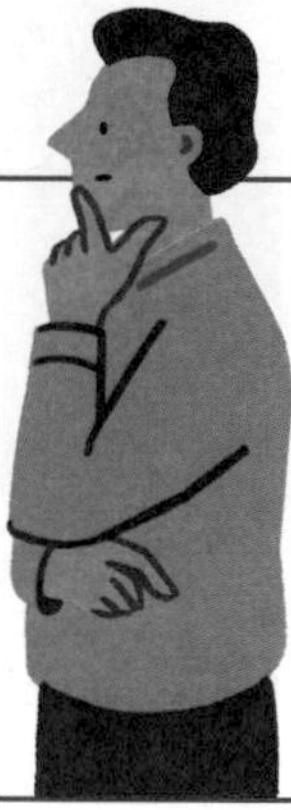

[牆壁、天花板都要做隔音]

CASE 1

翻修關鍵

隔熱性能好的雙層窗也能隔音。

在既有窗戶內部增設窗戶以打造出雙層窗。這原本是為了提升北側房間的隔熱性能，卻實現了連車子引擎聲都聽不見的隔音效果。

S 宅，設計／ es

CASE 2

翻修關鍵

為享受興趣而設置隔音室。

為了盡情在家中演奏樂器與錄音，客廳旁設置了隔音室，並藉由室內窗避免壓迫感。

S 宅，設計／ Eight Design（エイトデザイン）

CASE 3

翻修關鍵

視情況運用隔音地板與隔音墊。

玄關與走廊使用了隔音木地板，而格外講究質感的 LD，則改為隔音墊加實木（杉木材），以控制預算。

S 宅，設計／ TRUST（トラスト）

6 公寓可以增設地暖嗎？

可以設在地板上方，或選擇與飾材組合在一起的翻修專用型。

獨棟與公寓都可以藉由翻修裝設地暖設備，市面上也有可直接設置在地板上的產品。至於加熱器或熱水管裝在地板背面的類型，因為不會太厚，施工起來較為簡單，非常適合翻修。

要設置地暖設備的範圍較廣時，適合用「水地暖」（熱水循環式）；使用時間較短，要常常開關，就選擇「電地暖」（加熱器發熱式）。

地暖設備種類

- 電地暖（熱線式、蓄熱式）。
- 水地暖。

7 壁紙或油漆？關鍵在批土

選擇翻修專用的偏厚壁紙，或直接塗在牆上的油漆、珪藻土。

牆壁內裝用的飾材包括壁紙、塗裝、磁磚與石材等，其中最常見的就是塑膠壁紙等。

塑膠壁紙的款式豐富，平常保養只要擦拭即可，價格也很平易近人。對健康或內裝質感特別講究時，則可選用自然素材塗裝。其中最受歡迎的就是灰泥塗料與珪藻土，這些材料可以調節溼氣，且隔熱、除臭性能都很好，也不像壁紙一樣需要更換，甚至會隨著歲月增添韻味。

要透過翻修改變牆壁飾材時，方法會隨著牆壁狀態與使用的材料而異。壁紙要貼得漂亮，就必須批土（按：用來修補較細小的毛孔或痕跡，主要是處理細緻面的部分）以抹平底部。如果選擇翻修專用的偏厚壁紙，之後可以在壁紙上直接塗珪藻土或油漆等，施工起來就會很簡單，效果同樣很漂亮。

[牆壁飾材的種類]

壁紙

偏厚的壁紙最適合翻修使用

重貼壁紙時，關鍵在於要先批土抹平孔洞或傷痕等，使底部平坦。而翻修專用的偏厚壁紙，讓底部凹凸看起來不明顯，效果相當美觀。

化妝板外要先貼一層底料

若牆壁本身是光滑的化妝板或是紋路較多，建議先舖上一層薄板或石膏板（灰泥）後再貼設壁紙。

主要種類

塑膠壁紙

耐水性高還可以擦拭，保養起來很簡單。色彩與花紋也很豐富。

壁紙

綿、麻、絲等天然織品黏在紙張上的壁紙，很透氣所以不易結露。高級感與溫潤感極富魅力。

和紙壁紙

纖維比洋紙還要長，纖維之間的縫隙較大有助於調節溼氣，強韌且會隨著歲月增添韻味。

珪藻土壁紙

塗抹珪藻土的壁紙，施工性極佳，成本比手工塗裝還要低。還可發揮珪藻土調節溼氣與除臭的功能。

磁磚

除了原料為陶磁或石材的磁磚外，還有邊長 2.5 至 3 公分的馬賽克磚、調溼型磁磚等豐富類型。

廚房的隔間牆貼有文化石，讓整體空間看起來更加熱鬧。天花板使用灰泥塗料，地板則選擇實木（松木材），大量使用了自然素材。

I 宅，設計／ INOBUN interior shop 事業部

板材

實木材的牆壁板材具有隔熱、隔音與清淨空氣效果，此外也可以用來打造視覺焦點。

客廳牆壁與地板均用橡木板材，經塗裝的板材還兼具清淨空氣的效果，能讓人放鬆。

W 宅，設計／ standard-trade（スタンダードトレード）

抹灰

在建築物面層抹上塗料。翻修時，可以直接把塗料塗在原本的壁紙上，雖然有前置作業要處理，但工期很短。

主要種類

〈珪藻土〉

原料是植物性浮游生物沉積在海底或湖底後形成的化石，有許多孔隙，孔隙數量達木炭數千倍，溼氣的調節與隔熱性都很好，能預防溼氣造成的結露。

該住戶在這場翻修中，將牆壁與地板都換成自然素材，考量到潮溼與寵物的氣味問題，牆壁選擇自行塗抹珪藻土。
U 宅，設計／空間社

既能留下回憶又能節省成本，因此住戶和家人挑戰自行塗裝珪藻土，最終形成襯托家具與雜貨的自然質感。
O 宅，設計／ P's supply homes（ピーズ·サプライ）

〈灰泥塗料〉

用熟石灰與植物纖維、海蘿（按：俗稱膠草，一種海洋藻類）等調製而成的鹼性塗料，可預防黴菌與細菌的發生與繁殖，還可以吸附氣味並分解。此外會與空氣中的二氧化碳產生反應，一年比一年還要硬。

用批土抹平後再上灰泥塗料的樓梯間牆壁，反射了柔和的光線。手工塗抹的牆壁，能散發出獨特的柔美光影，形塑出明亮又獨具風情的空間。
K 宅，設計／ SLOWL（スロウル）

油漆

可直接刷在壁紙上的類型

要在貼有壁紙的牆壁刷上油漆時，建議選擇專門的產品。為了避免壁紙上的髒汙浮起來，上油漆前要先批土。建議選擇安全性較高的塗料，像是乳膠漆等。

該住戶決定用班傑明．摩爾（Benjamin Moore，連續多年獲得美國評鑑最信賴的塗料品牌的塗料）來刷牆壁。這種塗料不含揮發性有機化合物，能避免住戶因屋內汙染而生病，令人安心。

K 宅，設計／ KURASU

主要種類

〈油性漆〉

可滲透至木材內部達到保護效果，還可以讓木紋更顯眼。

〈水性漆〉

可預防靜電與粉塵，有天然顏料可以選擇。

8 鋁窗多加一道漆，舊窗也能亮晶晶

沒辦法直接換窗框，但可以為窗框上漆來改變氛圍。

即使窗框氛圍與內裝不符，住在公寓就無權更換。獨棟的話，則沒有限制，可盡情換成想要的類型。

嫌鋁框太單調，用百葉窗等遮蔽窗框是最簡單的方法，或在內側加設新窗框（做成雙層窗），徹底遮住原本的窗戶。也可以在鋁窗上一層白色油漆，整體看起來煥然一新。窗戶在整個空間中占較大面積，因此想要營造出理想的內裝氛圍，就絕對不能忽視窗戶。

[牆壁飾材的種類]

CASE 1

翻修關鍵

用白框內窗遮住原本的窗戶。

翻修時增設了木製的白框內窗，擋住氛圍與 LD 不搭的鋁窗，勾勒出讓人放鬆休息的咖啡廳氛圍。

M 宅設計／ANESTONE（アネストワン）一級建築士事務所

CASE 2

翻修關鍵

用別具韻味的腳踏板遮蓋。

在原本的窗框上覆蓋老舊腳踏板，遮蔽窗框之餘，還成為可以享受陳列樂趣的角落。

T 宅，設計／ Arts & Crafts（アートアンドクラフト）

CASE 3

翻修關鍵

窗前設置木條以擋住窗框。

為了降低窗框的存在感，在窗邊設置了木製框架。中央也設置偏寬的木條擋住窗框。

D 宅，規畫／ DEKISHINOBU

9 玄關是門面，最好有光

即使是不能增設窗戶的公寓，也可以透過室內窗與格局增添明亮度。

公寓的玄關多半很窄又沒有窗戶，但這裡是住宅的重要門面，所以若能改造成舒適的空間，不論是家庭成員回家或有訪客時，一進門都能感到放鬆、自在。

儘管如此，公寓的玄關門與窗戶不能隨意更換，所以請著眼在如何從既有窗戶將光線引入玄關。舉例來說，玄關旁的房間有窗戶的話，可以拆除隔牆將其當作玄關或走廊空間等（見下頁、二七三頁圖）如此一來，從窗戶照進的光線就會穿透至玄關。或者是LD有充足的窗戶時，就可以拆除LD與玄關之間的隔牆或門板，讓兩者直接聯通，打造出充滿開放感又好用的玄關空間。

CASE 1

翻修關鍵

拆除房間，玄關變明亮且開放。

拆掉玄關旁的房間後，落塵區變得寬敞，該屋主根據氛圍來設計鞋子收納處。他仿效喜歡的咖啡店，訂製邊長 60 公分的磁磚並切割成不同大小，讓地面看起來不呆板。

K 宅，設計／ WILL（ウィル）

改裝前

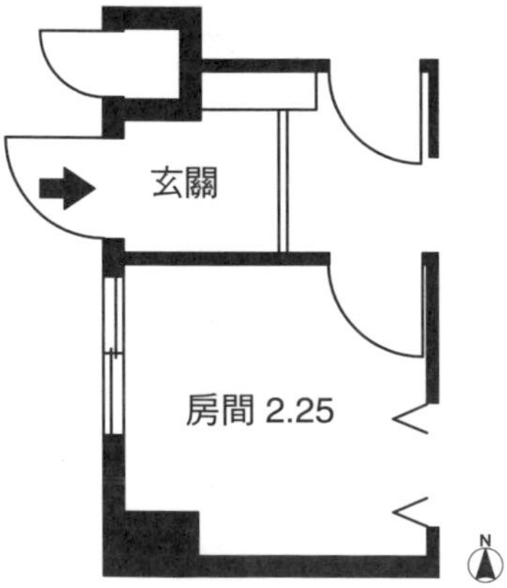

改裝後

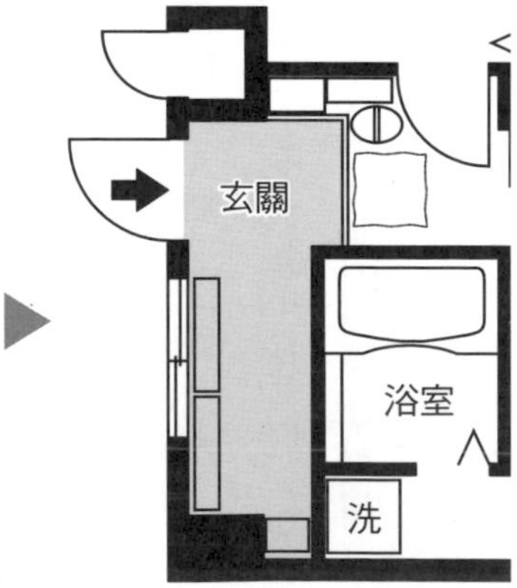

CASE 2

翻修關鍵

藉室內窗確保採光及通風，同時打造玄關的視覺焦點。

臥室隔間牆設有旋轉窗，除了打造空間的視覺焦點，兼具採光與通風效果。玄關的位置與面積都與原本相同，但光是改善昏暗問題，就大幅改變住家氛圍。

K 宅，設計／ Arts & Crafts（アートアンドクラフト）

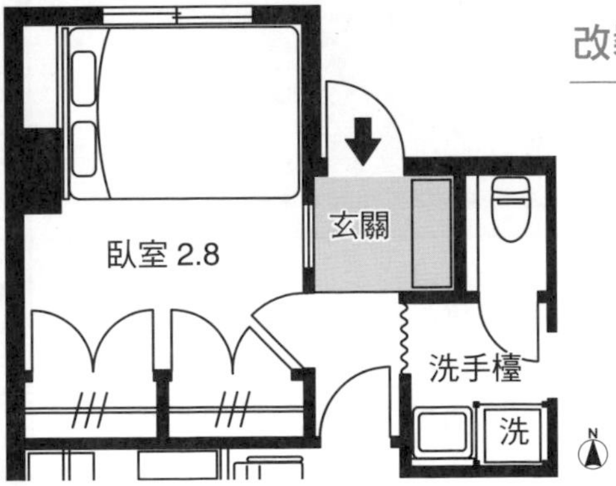

10 窗戶怎麼變大？改上下

獨棟可以針對窗戶翻修，要改窗戶大小時，改上下，不動左右寬度。

木造建築的窗戶上下部分通常不是結構牆，因此可上下擴大窗戶（見下方圖）。但更換窗戶時，會破壞窗框周邊，所以必須搭配外內牆補修工程。

想增加窗戶左右寬度時，最重要的是確認會不會碰到結構牆。新設窗戶時也一樣，要避開柱子與結構牆。若想在結構牆上擴大或增設窗戶，必須補強周遭牆壁，建議在動工前，先找業者幫忙確認，窗戶是否能更改大小（按：臺灣建築物外牆結構多為承重或抗震牆，擴大窗戶的設計必須另請結構技師簽證並補牆結構）。

窗戶翻修

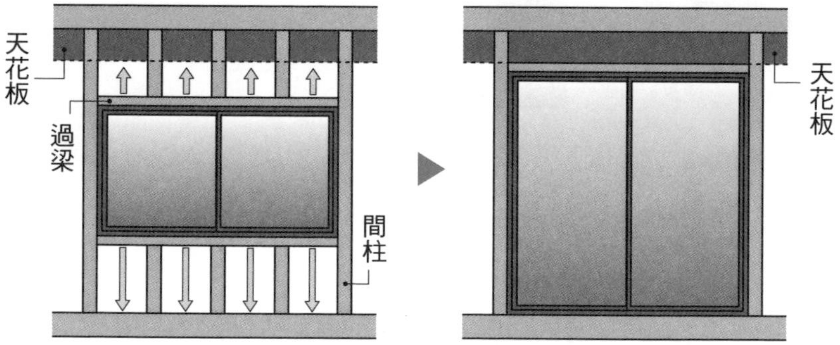

可在柱子維持原狀的情況下，拆除間柱與過梁。舉例來說，將半腰窗改成落地窗，或是將落地窗延伸到天花板。

11 推門改拉門，側邊牆不能太窄

若想換成拉門，必須有可收納拉門的空間。

將常見的推開門換成拉門時，必須動用木作與內裝工程。

為了讓拉門的門板得以滑動，開口部上方與地板必須裝設軌道。門邊也需要可以收納拉門的空間（見下方圖），如果側邊牆壁太窄的話，可以選擇折疊式拉門等。除此之外，也有設置起來很簡單的翻修專用拉門。

12 換門不換框，費用省很大

門框維持不變，僅換門板，工程就很簡單。

更換室內門時，只要從門框拆下原本的門板，再裝上新的門板即可，但若要連門框一起更新，需要動用不同的工種。順帶一提，如果新門的塗裝與原本的門框很搭，連門框塗裝的工夫都可以省下來。

獨棟要更換玄關門時，本書建議挑選翻修專用的款式，因為無論沿用原本的門框，或連門框一起拆除，都只要約一天就可以完成。更重要的是，雖然玄關門以鋁製居多，但市面上有木紋或隔熱、防盜功能優秀等豐富類型。

而公寓的玄關門外側屬於共用部分，內側才是專有部分。因此不可以隨便換門或是塗裝外側，但內側可以透過塗裝或是貼皮等自由更換花紋。

[換門的方法]

沿用原本的門框

只要更換門板就可以了，施工內容單純。

連門框一起更換

連門框一起更換時，就必須動用到不同的工種。

[　改造現有門板　]

透過粉刷煥然一新

門板漆上帶有細緻質感變化的藍灰色，門把換成黃銅材質。因為是沿用原本的門，所以成功控制成本。
O 宅，設計／ DEN PLUS EGG

改造與移設原本的門板

舊的浴室充滿回憶，所以該屋主決定把浴室門板漆成白色，用在溫室的出入口。把手則為黃銅材質。
O 宅，設計／ ANESTONE（アネストワン）一級建築士事務所

用黑板漆激發小孩的玩心

小孩房的衣櫥門板刷上了黑板漆，使空間充滿趣味，成為孩子們最喜歡的地方。
T 宅，設計／ CODE STYLE

13 讓清潔變輕鬆的廚衛設備

包括具有自動清潔功能的設備、不容易髒汙的材質等，種類五花八門。

系統廚房當中，有調理爐、排水孔、流理檯等都採用不易髒汙材質或設計的類型，還有搭載自動清潔功能的排油煙機等。畢竟是每天都要使用的廚房，若能選擇整理起來很輕鬆的型號，可以獲得截然不同的滿足感（見左頁圖）。

浴室同樣很重視維持清潔舒適的功能性。像是浴缸、地板與牆壁的材質或形狀不易發霉、排水孔清潔起來很簡單等。

如果浴室沒有對外窗，可設置乾燥機，這麼一來，能在洗澡後加快浴室乾燥速度，有助於預防黴菌生成。此外，還有每次沖水都會順便清潔或材質不易沾黏髒汙的馬桶、排水孔不易有垃圾堆積的洗手檯等，都是減輕人們清潔負擔的設備（見二八〇頁圖）。

[設備買對了，家事就輕鬆]

廚房

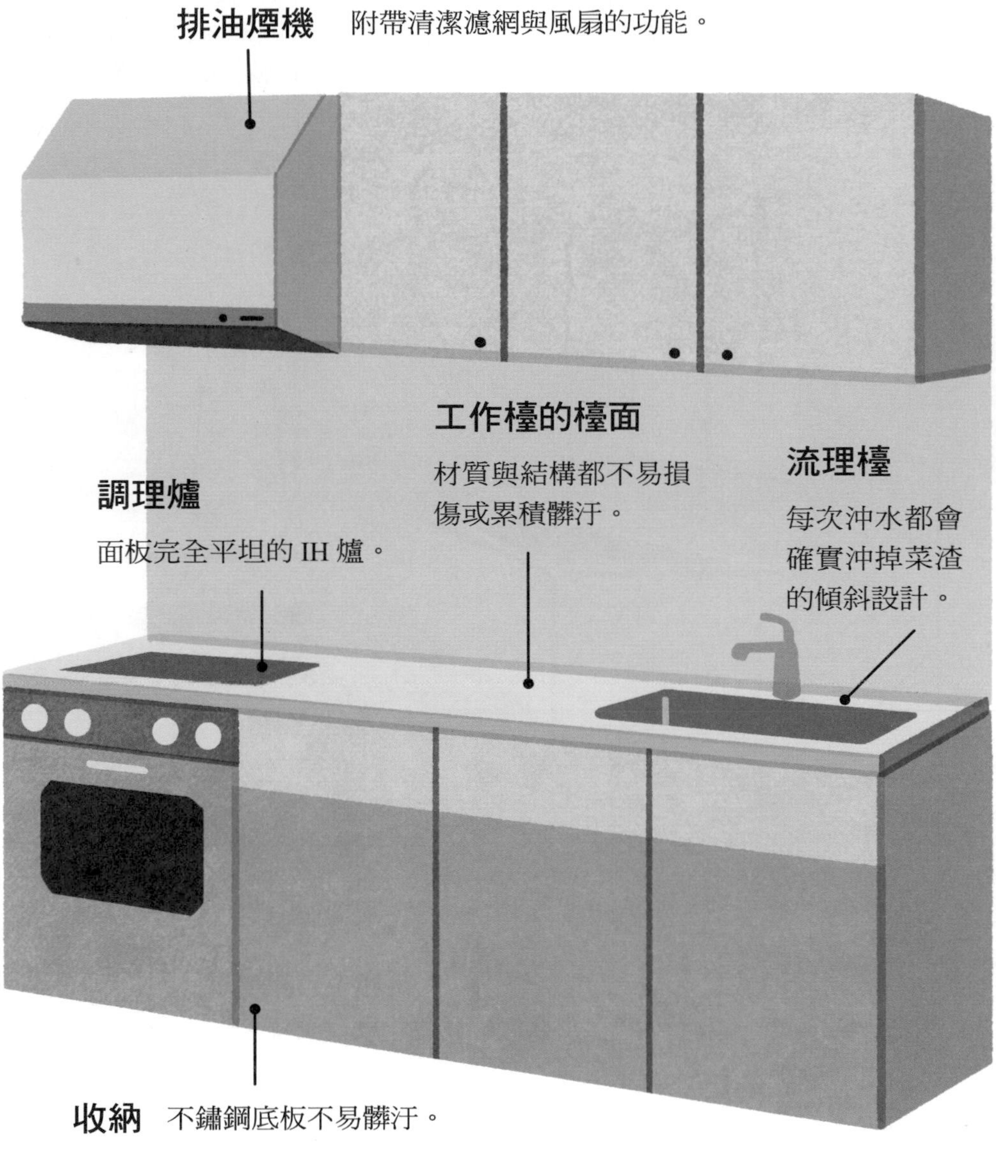
排油煙機　附帶清潔濾網與風扇的功能。
工作檯的檯面
材質與結構都不易損傷或累積髒汙。
流理檯
每次沖水都會確實沖掉菜渣的傾斜設計。
調理爐
面板完全平坦的 IH 爐。
收納　不鏽鋼底板不易髒汙。

浴室

洗手檯

洗臉盆與檯面一體成形，沒有容易堆積髒汙的縫隙，或水龍頭周圍藉由設計避免水花飛濺或水垢生成。

馬桶

髒汙容易脫落的材質、每次沖水都會有清潔劑泡沫或漩渦狀的水流加以清潔，或是很好擦乾淨的設計等。

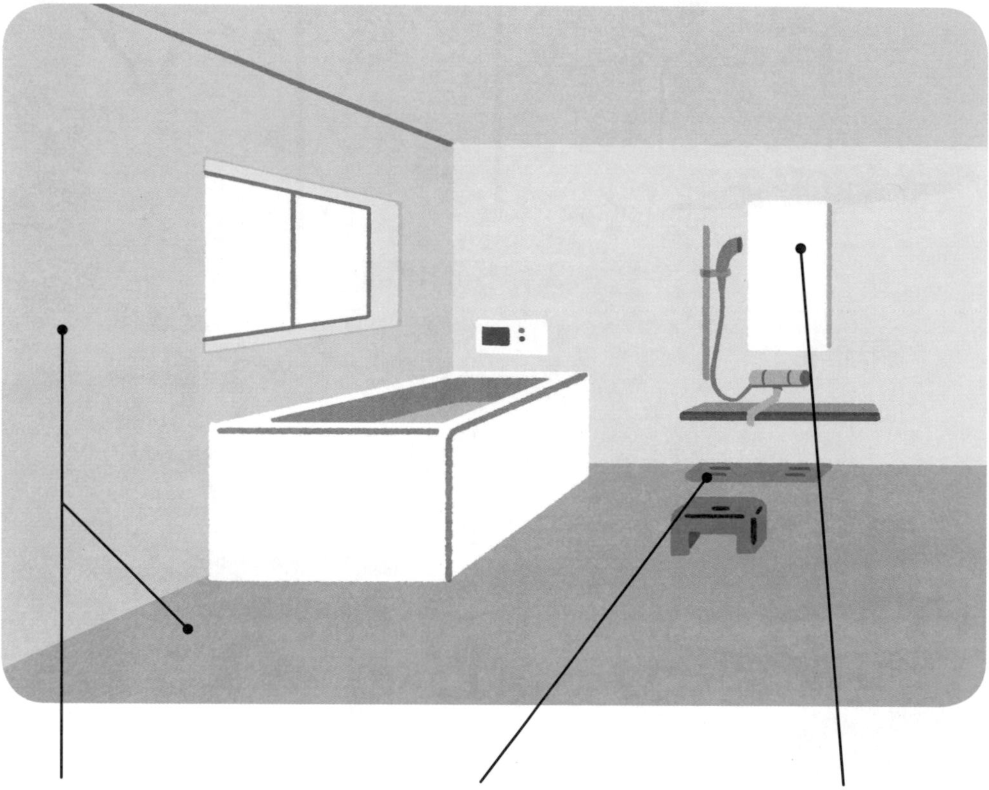

地板、牆壁

不易產生水垢或黴菌的材質，或縫隙很少的結構。

排水孔

形狀能輕易集中頭髮與雜質，且好清除，以及不容易變黏、變髒的材質。

鏡子

不容易髒的特殊鍍膜。

14

將屋內死角改成室內晾衣間

推薦方便室內晾衣的設備與 LED 燈具。

許多人在搬新家或裝修後，都能感受到擁有室內晾衣空間有多方便。其實，只要從起居空間找到死角當作室內晾衣空間，並在這裡安裝換氣扇、空調，以及要用時再拉出來就好的晾衣桿即可。此外，本書也很推薦使用 LED 燈具，不管換燈泡或保養都很輕鬆。若某些家事辛苦到讓住戶嫌麻煩，不想做太多的話，裝修時就首重能減輕家事負擔的功能性。

室內晾衣

在橫梁設置室內晾衣桿，遇到下雨天或花粉肆虐的季節就很方便。

LED 燈具

選擇材質不易累積髒汙的 LED 燈具，保養起來很輕鬆，且省電又長壽。

15 崁燈壁燈吸頂燈，效果各不同

試著搭配多種燈具，可按照當下需求選擇合適的燈光。

老房子的照明通常是一個空間一盞吸頂燈，且會配置在天花板正中央。但若希望夜間可以享受放鬆時光的話，一個空間裡可安排多盞燈具。

除了可以照亮整個空間的吸頂燈之外，不妨搭配嵌燈或壁燈等，規畫出能按照心情選擇不同氛圍的燈光。即使內裝完全沒有更動，光是增設一盞不同的燈具，就足以徹底改變室內的氛圍。

要趁翻修一併調整燈光時，建議選擇有彈性的燈光計畫。舉例來說，在客廳設置軌道燈，不僅日後改變燈具會很輕鬆，若調整家具配置或空間用法時，也可以改變燈光的方向。

實用小單元

更換吸頂燈時要特別注意！

吸頂燈是裝設在天花板上的燈具，裝設前請先確認寬度與直徑等尺寸。天花板的顏色會因髒汙或陽光造成褪色，色彩不太均勻，因此，當新燈具比舊燈具還要小時，能明顯看出其周遭的天花板色彩不均。

若原本的燈具採用拉繩，而非透過牆壁上的按鍵開關，則建議選擇附遙控器的燈具，開關會比較方便。

燈具有各種款式

16 電源不夠怎麼加燈？做軌道燈

可以設置軌道燈補足燈光。

在建築物的混凝土天花板下方做裝潢時，雖然增設燈具的工程會比較浩大，但仍是可行的。這裡會建議選擇軌道燈。有些軌道燈可以直接從吸頂燈孔拉線出來裝設，並可搭配小型吊燈或聚光燈等，但是總瓦數與乘載重量有限，應特別留意（見左圖）。

雙層天花板

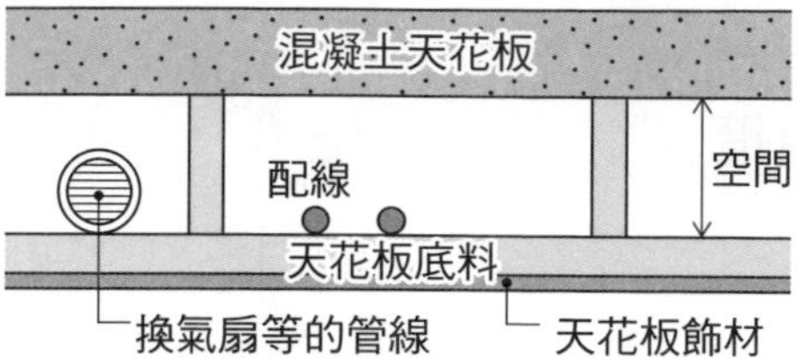

要增設燈具時，必須在天花板或牆壁上挖孔配線。

裝潢貼合天花板時

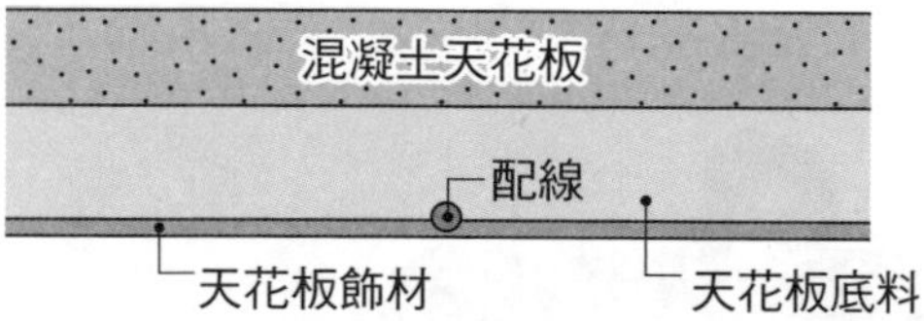

必須設置雙層的天花板，在裝潢與原本天花板之間配線，所以工程會比較浩大。

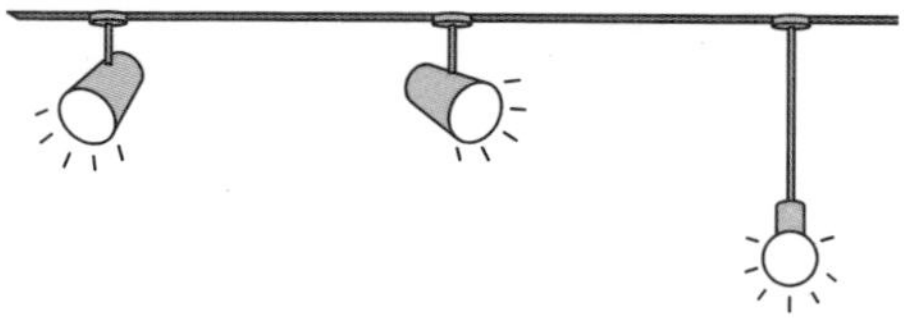

儘管天花板的電源只有一處，只要裝設簡易型的軌道燈，就能享受多盞照明帶來的燈光。

17 最需要插座的地方，廚房

內裝翻修時一併處理比較有效率，但要仔細思考位置與數量。

有時增設或移設插座，會伴隨著修補工程，因此，趁內裝翻修時一起處理會比較有效率，成果也比較漂亮。

雙插座型面板應挑選插座間距較寬的類型，這樣使用大型充電器時才不會擋住另外一個。

此外，廚房的插座很容易不夠用，所以應先思考哪些家電需要一直插著，再按此準備相應的數量。

18 如何用最低價格取得材料？

要透過施工業者採購的話，選擇最大眾化的產品會比較便宜。

對內裝材料或設備等若沒特別講究，可交給業者處理。因為施工業者通常有自己的管道，可用較便宜的價格向平時有往來的廠商購買。有些業者甚至擁有其他工程的剩料，或是下錯單而放在倉庫的庫存，所以不妨問問對方「是否有比較便宜的出清品」。

此外，減少材料的種類，盡量採用統一的產品也可有效降低成本。

雖然每間房間選擇不一樣的材料能享受氛圍變化，但因為建材不同而須個別訂購，還可能需要按照材料委託不同的師傅，成本自然隨之上升。此外材料的種類越多，就會有越多剩料，這部分也會浪費預算。

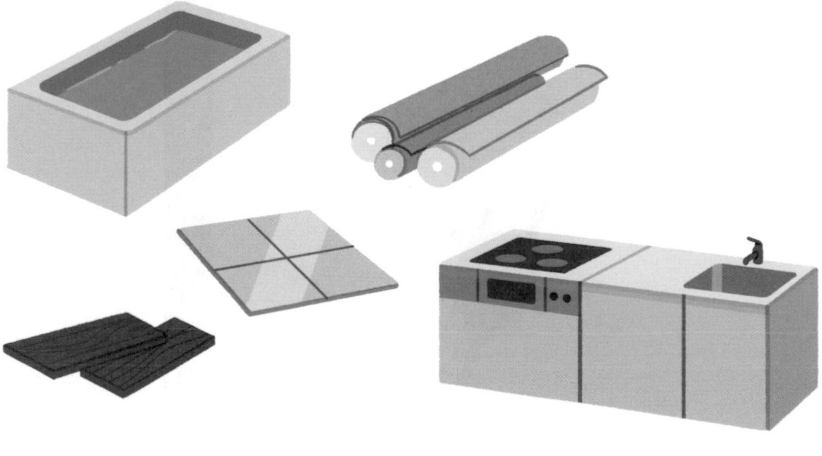

便宜購得建材或設備的方法

建材名稱	方法
壁紙	色彩與花紋都很簡單的大眾型產品，費用依材質等而有所不同。若牆壁與天花板都選用最普遍的白色塑膠壁紙，空間看起來就會很清爽，在消弭狹窄感之餘，也能省錢。
實木材	松木材與杉木材等柔軟且觸感佳的針葉樹類木材，價格比闊葉樹類木材還便宜。此外，窄版實木材也比寬版更普及、便宜。其他還有指接材、有木節的、底料用的結構材等。
○○風飾材	牆壁想要使用塗裝或是鏝抹手感，但預算不夠時，也可以選擇塗裝風或鏝抹手感風的壁紙。外觀與手感皆很逼真的壁紙，1 平方公尺只要約新臺幣 600 元至 900 元。想要露出橫梁或是運用老建材打造視覺焦點時，也可以透過仿古板材、裝飾梁等降低成本。
設備	透過施工業者購買通常會比較便宜，若沒有特別指定品牌或型號，不妨委託施工業者。其中，流通率高的大眾型號折扣會特別多。除此之外，專為公寓開發的產品，往往也會比為獨棟設計的還要便宜。

19 寵物友善翻修方案

內裝採用實木或珪藻土等自然素材，寵物與人類都能住得很舒服。

自然素材踩起來很舒服、外觀也很柔和，是翻修時很受歡迎的材質，對寵物來說也相對安全，所以非常推薦。

實木地板材抓地力比較穩，所以寵物不容易打滑，出現損傷時稍微打磨表面即可修復。假設很在意寵物氣味問題，天花板與牆壁可選擇有除臭效果的材料，例如灰泥塗料或是珪藻土，除了可調節溼氣，也能吸臭，維持室內空氣清淨。

玄關外若設有洗腳區，讓愛犬每天外出散步回家前先清洗，之後打掃房子會相當方便。貓咪的排泄物氣味比體味強烈，所以要想辦法避免氣味悶在屋內，例如：放置貓砂盆的位置要通風良好，或是周遭設置可以吸臭的材料等。

寵物友善翻修方案

CASE 1

翻修關鍵

活用對寵物友善的自然素材。

（左）牆壁使用了 JOLYPATE 的塗裝產品，地板則是柔軟又不易打滑的實木松木材。

H 宅，設計／ ARCHIGRAPH 一級建築士事務所

（右）地板是觸感絕佳的橡木材，牆壁則是可以調節溼氣與吸臭的珪藻土。

U 宅，設計／空間社

CASE 2

翻修關鍵

室內設有愛貓專用的小通道。

隔間牆設有拱門，專供愛貓通行，還標有充滿玩心的英文標語。即使家中沒人，貓可透過這些通道自由穿梭。

M 宅，設計／ Eight Design（エイトデザイン）

CASE 3

翻修關鍵

將愛犬的窩放在 LD。

在 LD 樓梯下方打造愛犬的家。配置在 LD 能隨時看到全家人，就不怕愛犬感到孤單。上方還設有飼料收納架。

K 宅，設計／ K.U.T 都市建築研究室

20 某些小物件可自行採購

比較不容易出錯的是燈具與把手。但是別忘了計算運費與安裝費。

如果你打算自行提供材料給工程行等業者，而非委託他們一起訂購時，建議選擇燈具、開關面板與把手等小型物件為主。這時可能會因為省去中間抽成而降低成本，不過從發包到搬運都得自行安排，所以別忘了計算必須耗費的工夫、運費與安裝費。

自行選購材料前，必須經常與設計師、工程行仔細討論，確認數量、負責收貨與檢查的人等，工程才能順利進行。如果沒做好溝通，導致工程中斷，就沒辦法省錢了，所以請特別留意。

自行提供的材料有問題時，也要直接詢問店家而非工程行。

榻榻米 錢 ★★★★☆ 難 ★☆☆☆☆	在販賣居家修繕工具連鎖店或量販店，可以買到 1 片約新臺幣一千多元的便宜貨，但很難完全吻合居住空間面積，這時可以請師傅在周圍鋪設板材。
燈具 錢 ★★☆☆☆ 難 ★☆☆☆☆	要特別注意的是，電線與插座等都有可能起火、引起事故。選擇產品時，可留意其是否通過「CNS 檢驗測試」認證，以有無標章作為判斷標準。 R54611
馬桶、洗手檯、水龍頭等五金 錢 ★★★★☆ 難 ★★★☆☆	發包跟檢查都很困難，所以請找設計師或工程行仔細商量。此外，也要搞清楚訂購單上的「一式」包括哪些品項，若沒有細心交涉，可能會出現零件不足或是重複計算等問題。
門窗 錢 ★★★☆☆ 難 ★★★☆☆	要確認是否包含邊框、把手與鉸鏈等。從國外進口的產品可能看不出甲醛含量的等級，這時可確認黏著劑等是否含有有害物質。
建材 錢 ★★★☆☆ 難 ★★★★★	從平面圖算出地板材料所需數量是很難的技術，所以發包時，通常會按照面積多買 10% 分量，儘管如此，還是有可能出錯。此外，木材變形與木節狀況，也要請專業人士看過比較安心。
系統廚房、整體衛浴 錢 ★★★★☆ 難 ★★★★★	配管等較為複雜，所以必須與施工業者密切合作。這時請先到展售中心索取報價單，然後請施工業者過目，並告知一式所含內容。 知道型號的話，也可以透過網路便宜購買。

錢 省錢程度　　難 難易度

業主自行提供材料

照明

屋主透過網路找到的船舶專用海洋燈，為洗手區打造了時髦的視覺焦點。
O 宅，設計／ P's supply homes（ピーズ·サプライ）

洗臉盆

船型洗臉盆是屋主從網路找到的，水花不容易飛濺。
H 宅，設計／優建築工房

開關

將復古開關固定在木板後才鎖在牆上，如此一來，即使裝在灰泥塗料牆上也很穩固。
T 宅，設計／ ANESTONE（アネストワン）一級建築士事務所

門窗

臥室與 LD 之間設置昭和時代的拉門。由於日式傳統門較低，所以針對上方做了改造。光是多了這道門，就足以為公寓住宅帶來町家（按：京都常見的傳統住宅）般的風情。

S 宅，設計／ Eight Design（エイトデザイン）

在骨董店購買裝有玻璃的白色門板，配置在客廳的出入口。

T 宅，設計／ Arts & Crafts（アートアンドクラフト）

門把

骨董風的門把就裝在客廳門上，並將精挑細選的餐具，打造成收納設備的把手。

W 宅，設計／ takano home

骨董把手與鎖提升了門的質感。

S 宅，設計／ P's supply homes（ピーズ·サプライ）

21 DIY，能省下部分預算

決定自行打蠟或粉刷時，請拿捏費用與時間的平衡，不要太過勉強。

第一次DIY可以從挑戰地板打蠟開始。也可以嘗試粉刷牆壁，雖然必須刷三至四次，既費工又費力，但即便是外行人也不容易失敗，很適合新手。

至於保護工程與底料設置等，因會大幅影響到完工後的美觀程度，所以本書建議這部分委託業者施作。

DIY可以省下一部分預算，這些錢也許可以挪用到牆壁部分，例如，從貼壁紙升級到塗抹珪藻土。但業主親自動手的期間，現場工程會停擺，所以需要想清楚打算自己動手處理的部分，會不會導致工期延長或是耽誤到其他工程。也別忘記DIY的材料跟工具都要自備。

打蠟、粉刷 錢 ★★★★☆ 難 ★☆☆☆☆	為木材打蠟時，即使稍有不均也不太明顯。粉刷也是只要有先用紙膠帶等做好保護工程的話，就不容易失敗。
製作開放式收納架、桌子 錢 ★★★★☆ 難 ★★☆☆☆	直接將層板擱在支撐架上的架子，比較簡單，板材的切割可以委託店家或是自己用圓鋸處理。鎖螺絲時若有準備電動起子會比較方便。
鋪設磁磚 錢 ★★★☆☆ 難 ★★★☆☆	建議選擇不會用到水的區域，並請挑戰裝飾型的磁磚即可。廚衛空間的磁磚必須做好打底的工作，才能避免水從接縫滲入。
鋪設壁紙 錢 ★★★★☆ 難 ★★★★☆	先批土抹平板材縫隙是最基本的工作。較薄的壁紙容易看出底部的凹凸，所以貼的時候要很謹慎。此外，如果要貼必須對準花紋的壁紙，找經驗豐富的人來處理比較好。
製作木質露臺、外構 錢 ★★★★☆ 難 ★★★★★	木質露臺要設得夠平其實十分困難，屋簷則必須有可順利排掉雨水的斜度，不論哪種，都建議找經驗豐富的人來處理。
鏝抹手感牆 錢 ★★★★☆ 難 ★★★★★	用鏝刀塗抹珪藻土，需要一定程度的技術。這時可以先參加廠商舉辦的體驗教室，也可以選擇適合用滾輪塗裝或是有加水的塗料。

錢 省錢程度　　難 難易度

製作收納架

在翻修時，請業者補強牆面，之後才邊住邊斟酌適當的位置，最後打造出很好用的收納。
S 宅，設計／ TRUST（トラスト）

粉刷

請翻修業者重新貼設壁紙後，自行在壁紙上粉刷。牆壁為橄欖色、踢腳板與長檯的桌板則為白色。
K 宅，設計／ WILL 空間設計（ウィル空間デザイン）

能用一輩子的實木廚房

裝修與翻修是用實木打造出夢想廚房的好時機。這裡就讓實木訂製廚房業者「家具藏」（KAGURA，使用從全球各地嚴選的木材，創業七十年，提供能用一輩子的實木家具與訂製家具服務），來分享這種廚房的魅力與特色。

Q 實木廚房與系統廚房的差異。

A 質感與規畫的自由度不同。

系統廚房的抽屜、門板沒辦法使用真正的木頭（實木材）。現代廚房多半採用開放式，住戶往往希望廚房與客廳家具，能呈現相同質感與設計感。而「如家具般的木製廚房」就能做到這點。

「有多少住宅，就有多少種廚房規畫。」因此，能按照自家需求精細規畫，打造出相應機能性與設計感的訂製廚房，相較於憑目錄選購的系統廚房，更多了一絲獨特的魅力。

▲「家具藏」用實木材打造出專屬自家需求的原創廚房。

Q 木製廚房有哪些優點？

A 隨著使用的時間，會逐漸產生出美感。

用真正自然素材打造的木製廚房，會隨著歲月流逝變得更有韻味，從使用角度來看，也會越用越順手。即使過了百年，大眾依然能接受實木廚房的美感與性能，不會因用得久而失去價值。

此外，設計時還能搭配客餐廳的裝潢、牆壁、地板與家具等，可說是木製廚房的一大魅力。

▲地板和收邊飾條搭配得很好，不只讓空間變明亮，還多了一份溫暖與寧靜。

Q 哪種樹種適合打造木製廚房？

A 建議選擇有一定強度、不易損傷的闊葉樹實木材。

杉木與檜木等針葉樹輕盈又好加工，是很好用的主流建材。但要打造禁得起長時間使用的廚房或家具時，則建議選擇較硬且堅固的闊葉樹。

板材的顏色與木紋會隨著樹種而不同，但也因此可透過運用不同的樹種，打造出廚房與收納融為一體的優美效果，或是享受特色豐富的搭配法。

▲廚房散發出櫻桃木實木特有的柔和質感。以胡桃木實木打造的把手，則為空間的視覺焦點。

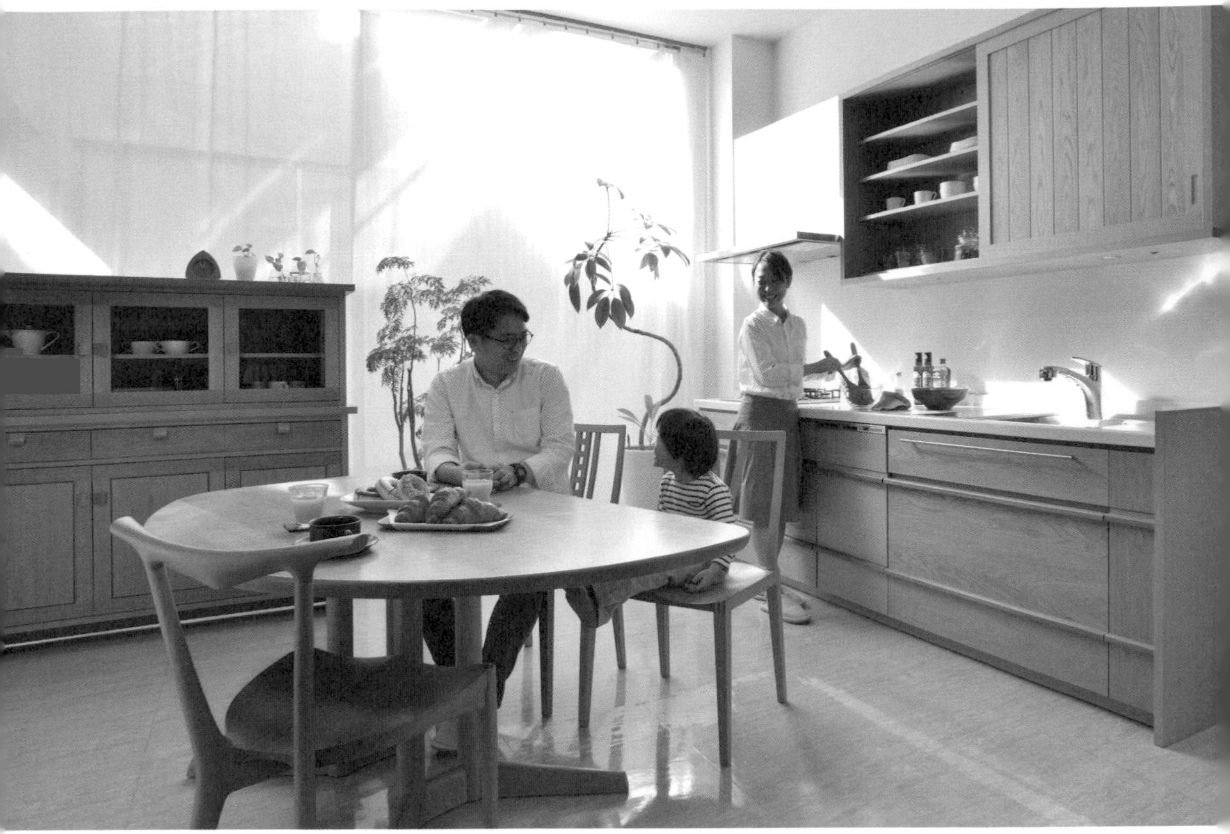

▲「家具藏」根據豐富的知識與經驗，給予客戶建議，盡可能滿足他們的需求。

PART 2

成功實例分享

01 改造公寓住宅，彷彿待在咖啡廳

N夫婦現在的住處，是N先生從九歲開始住且充滿回憶的家。N先生結婚後，家人搬到他處，讓N夫婦在這裡生活。隨著兩個孩子出生，房子也開始出問題：「廚衛設備相當老舊，浴室水龍頭與馬桶沖水功能異常，地板和榻榻米也充滿傷痕。」

由於他們與鄰居相處融洽，再加上這棟房子的視野很好，所以N先生不願意搬走。他想：「不如打造出有韻味的房子。」N先生還列出其他需求，包括希望能讓孩子跑來跑去，不論到哪個房間，都可以感受到彼此存在。

「看到設計圖後我相當吃驚，完全沒想過可以改變走廊位置。」原本位在中央的走廊改到邊端，打造出L型動線。打掉因昏暗而沒能好好善用的房間，讓窗戶光線得以穿透到玄關，玄關因此寬敞許多，舒適的風也會從走廊吹到客廳。

簡單又開放的格局，在成本控制得宜的情況下，實現N夫婦的需求。他們表示：「身旁充滿喜愛的物品，每一天都毫無壓力。就連因興趣蒐集的雜貨，看起來都充滿了生命力。」

▲N夫妻喜歡老物，興趣是逛各種小店與咖啡廳。

DATA

家庭成員：N夫婦、2個孩子。
住宅型態：公寓（9層樓公寓中的8樓）。
屋齡：21年。
專有面積：約21坪（約69平方公尺）。
翻修面積：約21坪。
翻修費用：約755萬日圓（含設計費、含稅）。

翻修設計、施工：リノキューブ。

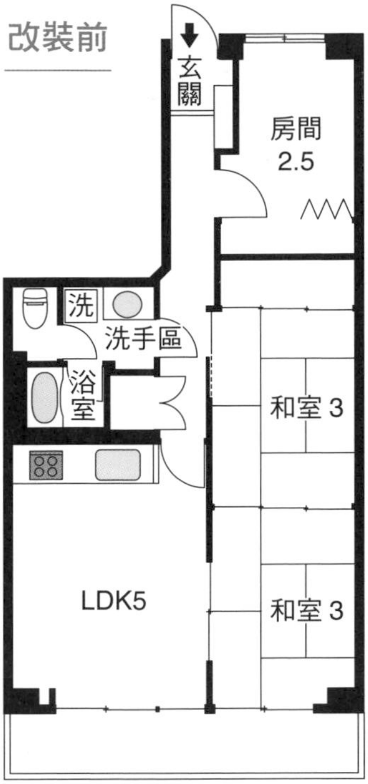

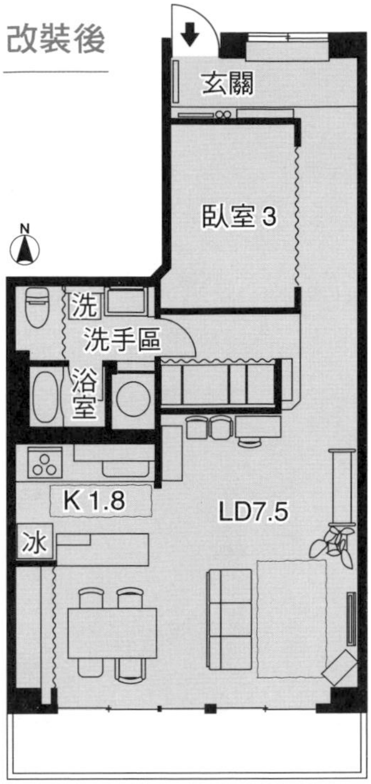

原本的家

- ▶ 3LDK 公寓住宅。
- ▶ 經過長長的走廊才能進入 LD。
- ▶ 玄關旁的房間太暗，所以沒能好好運用。
- ▶ 靠牆的一字型廚房。

翻修內容

- ▶ 打掉 2 間和室，實現寬敞的 LDK。
- ▶ 將中央走廊挪到旁邊，動線形成 L 型。
- ▶ 變換臥室位置，使玄關變寬。
- ▶ 用工作檯與開放式收納架，勾勒出咖啡廳風格的廚房。

設計關鍵

只保留最小限度的隔間牆，並省略門板與收納櫃門，強化通風之餘還提升全家人的交流。實木橡木材地板與露出混凝土結構部分的設計，使空間更顯開放，令人放鬆。此外整體格局還可以視需求靈活調整。

▲餐廳的收納用布簾取代門板以降低支出，日後還可以透過更換布料改變室內氛圍。

飯廳與餐廳

| **翻修重點** |

煞風景的廚房，變成如咖啡廳般的悠哉空間。

▲雖然建造時，這間是當時備受討論的最新型公寓，但廚房卻缺乏特色。

▶按照屋主的要求把廚房設計成咖啡廳風格。工作檯上方的燈刻意捨棄燈罩，讓燈泡直接露出來。電線的捲法也提升了時髦感。

▲向位於名古屋的中古與訂製家具店「Trimso」訂做的餐桌，是該空間的主角，並搭配五顏六色的椅子，讓餐廳看起來更熱鬧。

▲在骨董市集買的玻璃櫃，平常使用的飯碗等都擺在此處。

◀廚房工作檯是「reno-cube」原創產品，用腳踏板及金屬材料製成。考量到以後還要再更動格局，工作檯採非固定式。

▲煥然一新的 LDK 寬敞空間，藉由家具店「TRUCK」設計的沙發與廚房工作檯，打造出緩和的空間界線，避免視覺過於發散。

◀收納內部捨棄了造價較高的抽屜，僅用可調整高度的層板做簡單區隔。從日用品到季節性物品，只要運用市售收納箱，一樣都可整齊收納。

▼在常去的店家裡，找到價格平易近人的消光義式磁磚，並貼在牆面上。梣木集成材打造的開放式收納架，則兼具展示的功能。

客廳

| 翻修重點 |

讓二手家具自然融入的愜意空間。

▲ LDK 旁邊本來有兩間南北並排的和室，前面這間沒有窗戶。

▲老舊茶櫃傳承自太太的祖母，除了用來收納毛巾等日常物品，也會放繪本，茶櫃前方成為孩子們最愛的場所。

▶把椅子並列在牆邊，形成可愛的小角落。宛如小學老師在用的書桌，是從骨董市集買到的。

◀用二手金屬架為客廳打造展示區，可隨著季節變換，擺設相應的雜貨裝飾，看起來就像商店一樣。

▲在洗手檯後方的牆壁凹陷處，用腳踏板打造收納架。不過考量到這道牆後方設有熱水器，所以收納架設計成容易拆下的款式，以便之後檢查。

▲（左）稍微加高通往洗手區的地面，再貼上圓形馬賽克磁磚。

（右）「reno-cube」的原創門板。把手與指示鎖都是法國骨董。

浴室

| 翻修重點 |

中性色系與磁磚地板，交織出極富個性的空間。

▲「想要理科教室般的洗手檯！」由於 N 太太提出此需求，因此選擇的並非住宅用洗臉盆，而是醫院會用的多功能流理檯。寬度充足，讓親子可以一起刷牙。

▶廁所僅一面牆壁塗成青草色，打造出視覺焦點。這裡沒有門板，僅用布簾遮蔽視線。N 太太表示：「這麼做讓空間寬敞多了，打掃起來也很輕鬆。」

▼通往衛浴的走廊旁設有衣櫥，收納一家四口的衣物。用布簾充當櫃門，地板則使用結構用合板，並搭配市售的收納箱以控制成本。

房間

| 翻修重點 |

考量到將來的需求，所以現在的裝修都以可調整為考量。

◀（左）走廊上，用鐵管包覆從地板延伸出的電線，形成風格獨特的燈具。

（右）牆壁設有用腳踏板打造的架子，可以用來展示收藏品。

▲入口設置布簾的臥室。預計將來要改造成小孩房，所以電源開關分設兩處，以利日後切割成 2 間房間。

玄關

| **翻修重點** |

打掉面北的房間，改造成寬敞的玄關空間。

▲用腳踏板與紙製回收箱，打造出獨特的鞋櫃。開放式的設計可避免溼氣悶在此處。

▲變更了玄關通往起居空間的動線，玄關與落塵區則融為一體，看起來很開闊。原本空間僅與門同寬，據說N一家每次進出時，所有人都會擠在這裡。

▲將右邊臥房牆壁稍微往內推，所以露出了局部地面，若親子同時穿鞋，這裡會非常好用。曾經很昏暗的玄關，利用房子本身的窗戶變得相當明亮。

02 中古獨棟，隔出一部分來開店

「我喜歡布料與手工藝材料，夢想是未來要開一家這類型的店。」藤井太太如此表示。這對夫妻在孩子出生後，開始在意房子耐震性與管線狀態，兩人看了好幾間房子，卻始終無法找到理想的物件。最後，他們接觸「OPEN HOUSE」這間不只做不動產買賣，也提供翻修設計服務的公司。

藤井夫婦激動的說：「從自然素材的用法到開關面板，這間公司的設計風格就是我們想要的樣子。」正好該公司手中有間曾賣御好燒（按：又稱什錦燒，一種鐵板燒小吃）的住宅，於是藤他們買下這棟房子，並委託對方翻修。

他們很重視鋪滿實木地板、寬敞又明亮的LDK，因此請業者採用簡約設計，以利日後用收藏品或手工藝品妝點空間。

「我們本想要做庭園，但因基地空間不足，所以決定增設從LDK延伸出去的陽臺。」至於原是御好燒店面的部分，則用砂漿重新鋪裝，改造成可以穿鞋進入的工作室。藤井夫婦說：「雖然離夢想還很遙遠，但總有一天我們要在這裡開一間店。」

DATA

家庭成員：藤井夫婦、1 個孩子。
住宅型態：獨棟（兩層樓木造房屋）。
屋齡：17 年。
專有面積：約 36.02 坪。
1 樓 18.01 坪，2 樓 18.01 坪。
翻修面積：約 36.02 坪＋外構。
翻修期間：約 3 個月。
翻修費用：約 1.200 萬日圓。

◀藤井夫妻喜歡手工藝，餐廳的椅子是屋主買中古家具後親手改造。

翻修設計：アイエスワン リノリノ

翻修施工：アイエス

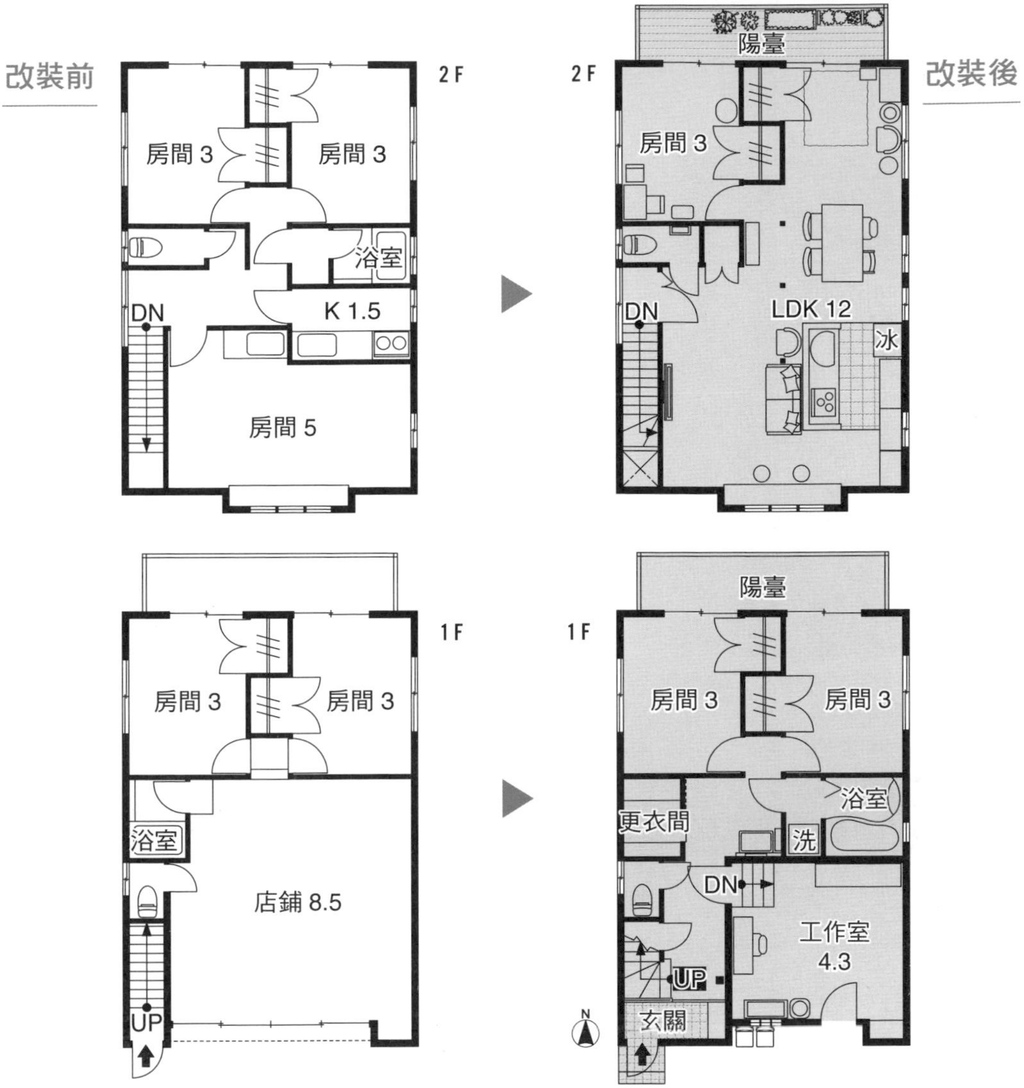

原本的家

- ▶店住合一的木造兩層樓建築物。
- ▶2 樓有 3 間房間與獨立式廚房。
- ▶上下樓各有 1 間浴室。

翻修內容

- ▶將店面改裝成工作室，預計要在這裡開店。
- ▶把 2 間房間與廚房合併成 LDK。
- ▶將浴室與洗手區集中在 1 樓。

設計關鍵

因合併 2 間房間打造出寬敞的 LDK，需要增設桁條強化結構。格局以開放式廚房為中心，讓住家看起來開闊。此外，盡量活用樓梯與門板等原有設備以控制成本，店面區域則改造成可以直接穿鞋踏入的工作室。

▲用貼有馬賽克磁磚的半腰牆圍住造型簡約的系統廚房，這麼做有助於降低成本。

廚房

| 翻修重點 |

用白色馬賽克磁磚裝飾夢想中的開放式廚房。

▲原本的廚房是獨立一間，翻修後改成開放式廚房。

▲為了讓家事動線更流暢，將餐廳與廚房並列配置，再將沙發設在廚房前。

客廳

| 翻修重點 |

活用結構材的柱子，實現理想的內裝。

◀原本的住宅切割成許多空間，所以光線受到遮蔽，整體相當昏暗。

▲將2間房間與廚房合而為一，變成寬敞的LDK。留下一部分的柱子當作視覺焦點。拆除會阻礙生活的部分，並加上桁條增強結構。

▶活用原本的突出窗，打造出咖啡廳般的區域，這裡是藤井先生與兒子最喜歡待的地方。使用黑色窗框的上下拉窗，散發出巴黎公寓般的情致。

▼藤井夫婦表示：「我們嚮往鄉下老屋般的粗梁，但考慮到視覺均衡感，採用偏細的橫梁。」

▲喜歡的收藏品都集中在此處的展示區。復古家具與掛鐘，都與家中氛圍相當契合。黑板處則是小孩房的門。

▲藤井夫婦原本想做木製百葉窗，但考慮一陣子後，他們挑了白色鋁百葉。這麼做不僅讓空間更明亮，還能縮減支出。鋁百葉上的褐色帶子更是增添一絲自然氣息。

飯廳

| 翻修重點 |

用簡約的內裝，襯托喜歡的雜貨。

▲ LDK 角落的兒童區。空間延伸至陽臺，讓孩子能到處騎著三輪車。

◀餐廳的位置原本是浴室，所以窗戶偏高。但也因此提升採光與通風效率，家具也很好擺放，反而大獲好評。

工作室

| 翻修重點 |

工作室地面使用砂漿，打造出猶如巴黎手工藝品店般的空間。

▲以前的店面部分。這邊保留了與住家之間的地板高低差。

▶窗框是法國骨董，擺在窗邊的棉線，讓這裡看起來就像手工藝品店。

小孩房

| 翻修重點 |

小孩房不做複雜設計，之後才能靈活改動。

▲在窗簾軌道上方設置板材打造展示區，藉此賦予視覺焦點，讓簡單的空間增添些許放鬆氛圍。

◀在舊門上塗裝黑板漆，既環保又省錢。

▲藤井夫婦希望等孩子長大後，參考他的想法來調整空間，所以刻意簡化小孩房的設計。

衛浴空間

| 翻修重點 |

以實用性與預算為優先的簡約空間。

▲洗手區並非獨立一間，而是設在走廊角落的開放空間。僅將實驗用流理檯安裝在牆壁上，整體設計相當簡樸。

▶考量到好清潔與機能性而選擇整體衛浴。以充滿潔淨感的白色為主，再佐以褐色打造視覺焦點，賦予其適度的愜意氣氛。

玄關、入口

| 翻修重點 |

拓寬空間、增設落塵區，讓玄關更好運用。

▲平坦的屋頂與箱型建築物形狀，是夫婦倆決定購買的關鍵。

◀時髦的建築物散發出如巴黎手工藝品店般的氛圍。黑色窗框與翡翠綠的工作室門板，是白色建築的視覺焦點。

▲戶外燈堅持選用復古造型。

▲門是上漆過的骨董。基本修復請師傅處理，裝飾的部分則自行 DIY。

▲以前的玄關沒有落塵區，一進來就看到樓梯，所以翻修時刻意擴大玄關範圍。並在樓梯的局部設置踏板，改變樓梯的顏色。這麼做也成功節省了預算。

03 邊住邊改，配合生活型態來裝修

町上家有許多充滿玩心與獨特的創意，像是牆壁上五顏六色的抱石（按：一種攀岩型態）用石頭、高度不同的地板、祕密基地般的書房……這裡原本是町上先生的祖父家，由於是熟悉且充滿回憶的住宅，所以町上先生選擇翻修而非重建。「我希望打造出明亮、天花板很高，能感受家人存在的家。」為了實現他的心願，業者在南側客廳規畫挑空區，讓光線與風能穿透整棟住宅，同時也牽繫起家庭成員。

翻修時的另一大課題是耐震性，為了打造出堅固的牆壁而使用結構用合板，並將合板本身的木紋與粗糙質感融入設計中，不但省下貼壁紙與漆上灰泥塗料的程序，更大幅減少支出。

此外，町上家邊住邊改造住家，享受住宅進化的過程，同時降低初期費用。他們說：「日後生活型態說不定會改變，所以雙層窗戶、室內門、庭園露臺等，等經濟寬裕或有需要時再考慮。」

▲町上夫婦因工作相識，曾在印度生活。與讀幼稚園的女兒、1歲的兒子過著熱鬧的生活。

DATA

家庭成員：町上夫婦、2 個孩子。
住宅型態：獨棟（兩層樓木造房屋）。
屋齡：36 年。
樓地板面積（翻修前）：34.49 坪。
樓地板面積（翻修後）：32.67 坪。
※ 因為設置挑空區，所以地板面積比原本小。
翻修面積：32.67 坪。
翻修期間：約 4 個月。
翻修費用：約 1,280 萬日圓。

翻修設計、施工：リノキューブ。

改裝前

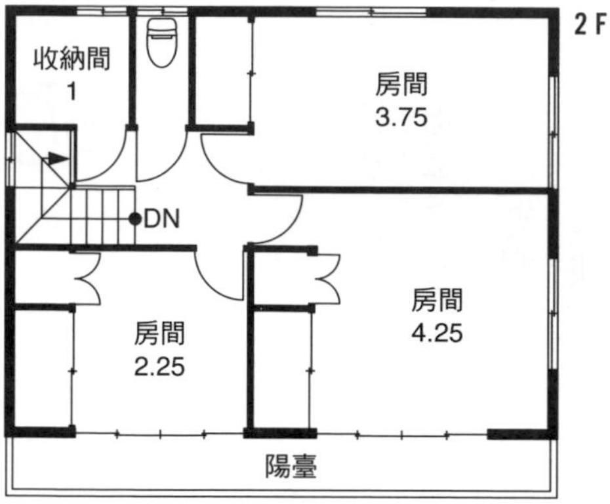

改裝後

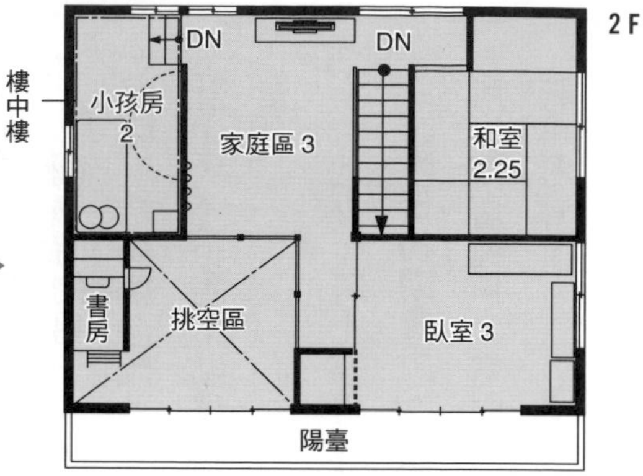

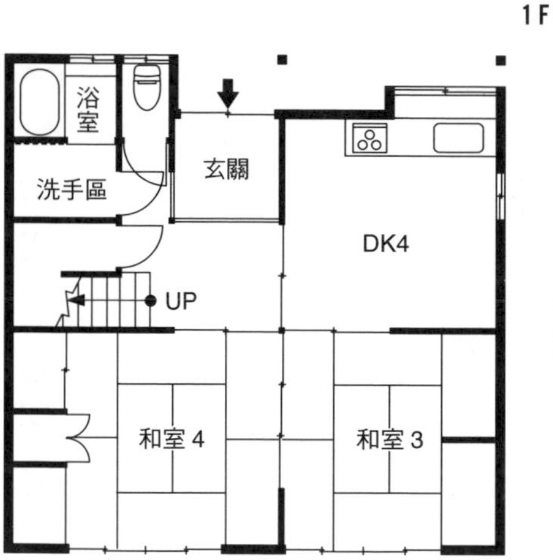

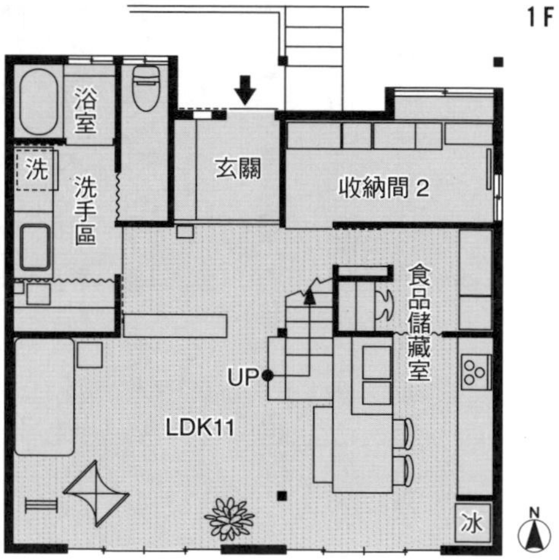

原本的家

- 兩層樓木造建築，格局為 5DK。
- 座落位置使南側光線難以傳到 1 樓。
- 2 樓有 3 間房間。

翻修內容

- 以開放式廚房為中心，空間融為一體的 LDK。
- 客廳做挑空區，讓家裡變明亮。
- 規畫出全家能聚在一起的空間。

設計關鍵

原本空間昏暗，業者因此提議設置挑空區，讓光線與風得以通行，聲音與視線也能互相穿透，讓家庭成員能感受到彼此的存在。並為玄關、食品儲藏室與 LDK 打造出環繞動線，移動更方便。

飯廳與廚房

｜翻修重點｜

為廚房設置沒有門板與抽屜的開放式收納。

◀工作檯與架子均為結構用合板，並直接固定在牆面，用籃子與木箱代替抽屜。吊掛式收納兼具展示廚具作用。

◀ DK 原本位在昏暗的北側，為了讓光線照射進來，便將擁有朝南窗戶的和室改成 LDK。

▼明亮開放的飯廳和廚房，以紅色磁磚打造視覺焦點。與流理檯並排的餐桌，讓上菜輕鬆許多。樓梯轉角則兼具椅凳的功能。

客廳

| **翻修重點** |

活用結構用合板的特色，概略切割的空間。

▲客廳地板選用了實木的杉木材。而沙發是「reno-cube」原創產品，上面鋪著墊子。有客人時，可以拿下墊子，當成矮桌使用。

▲「站在玄關就能把家中看得一清二楚。」因此，町上夫婦用 IKEA 的收納架作為隔間來遮蔽視線。

▲雖名為書房，實際上是屋主獨處的房間。位在挑空區的角落，必須藉由梯子進出。雖然僅 0.5 坪，卻透過與客廳間的小窗消弭壓迫感。

◀刻意加厚窗邊牆壁，以利日後裝設雙層窗戶。現在則利用加厚的牆壁，擺設書本和喇叭。

家庭區

｜翻修重點｜

可以按照各自想法使用的家人私密空間。

▶抱石牆壁原本是樓梯與門廳，只有一扇小窗戶，昏暗且通風不佳。

▲拓寬門廳後，打造出全家人都可以自由使用的家庭區。樓中樓放收納季節性物品，若要進入這裡時，必須穿過抱石牆。
町上夫婦說：「原本打算設置梯子，但五顏六色的抱石看起來很有趣，而且孩子應該會喜歡。」

小孩房

| 翻修重點 |

2樓除了牆壁，連地板都用結構用合板。

▲為了設置樓中樓，而將小孩房地板高度往下降。上方的窗戶與家庭區相連，下方窗戶則與廚房相連，因此能隨時確認孩子的動靜。

▲從家庭區看見的樣子。

▶町上先生用登山繩製作了挑空區與樓梯的防護網，日後只要改變編織法或顏色，整體氛圍就會跟著改變。

和室

| 翻修重點 |

僅設置最小限度的門板，
剩下的等有需時要再來調整。

▲和室選用木紋較低調的椴木合板。町上夫婦說：「平時可以坐在架高的地方，邊喝茶邊欣賞窗外景色。」

臥室

▲這裡原本有3片門板，現在縮減至2片，讓其中一片門板充當房門與收納櫃的門（一關上房門，收納處就會露出來），藉此縮減支出。

衛浴

| 翻修重點 |

善用色彩和裝飾，衛浴也能變成充滿特色的空間。

▲原本是由磁磚與噴砂牆面組成的舊式廁所。

◀廁所其中一面牆漆上桃紅色，瞬間增添了獨特性。網路上找到的鳥籠造型燈具，與整體氛圍相當契合。

▶洗手檯同樣用結構用合板量身打造，水龍頭與洗臉盆選擇知名衛浴品牌「KAKUDAI」的產品，線條相當簡單。鏡子則用 IKEA 的產品。

▲玄關門廳的視覺焦點是兩盞並列的骨董燈具與門邊小窗。町上先生說：「每次回家時都可以看見孩子來迎接，非常療癒。」

▲用杉木材打造的玄關門。「比市面上的產品便宜，但是外側相當講究，把手也是請木工師傅製作的。」

04 切割空間，育兒生活更餘裕

S家有四個活潑好動的孩子。「包括我先生在內，大家個性都很自由，所以我們希望打造出家人能隨心所欲生活的格局。」S從父母手中獲得這間三十坪左右的公寓住宅，決定將內部拆到毛胚屋狀態後再翻修，並將家裡分成兩大區塊。

由兩間和室與狹長LD組成的空間搖身一變，成為十二．五坪寬的LDK。另外兩間房間則拆掉隔間牆，改造成寬敞的小孩房。S夫婦說：「因為家庭成員很多，更沒辦法預測未來會有什麼變化，所以我們決定打造出將來可以隨機應變的格局。」

這種隔間牆與門板都很少的開放式格局，有助於控制預算。結果不僅實現了大家都能自由活動的舒適空間，還在預算內完成整體翻修。

小孩房設有一人一座高架床，讓孩子們得以擁有個人空間。日後需要獨立房間時，會再進一步切割室內空間。LDK之後也可依喜好增設牆壁，或在地板架高處裝拉門以增加房間數。「我們先享受這份開放感，之後參考孩子的意見，一起改造房間。」

▲S夫婦與祥太朗（9歲）、幸子（7歲）、明子（5歲）、連太郎（3歲）組成的6人家庭。

DATA

家庭成員：S夫婦、4個孩子。
住宅型態：公寓。
屋齡：35年。
專有面積：約30.68坪。
翻修面積：約30.68坪。
翻修期間：約4個月。
翻修費用：約1,300萬日圓
（不含隔音工程200萬日圓）。

翻修設計、施工：ピーズ・サプライ

改裝前

改裝後

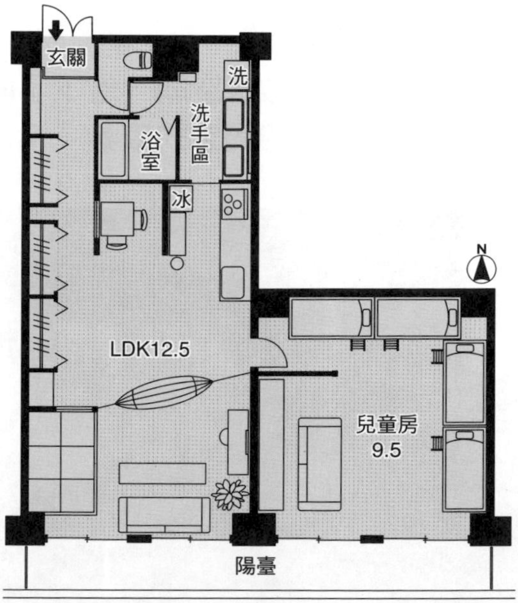

原本的家

▶公寓住宅格局為 4LDK。
▶2 間和室、2 間房間和狹長的 LD。

翻修內容

▶拆除所有隔間，重新切割成兩大區塊。
▶把原本的和室改成 12.5 坪 LDK。
▶拆除牆壁，打造寬敞的小孩房。

| 設計關鍵 |

只有廚衛空間、地板架高處與收納間連細節都設計好，其他沒做特別大的改變，維持 2 個大型箱狀空間，不僅有效降低施工成本，未來還可以隨著生活變化調整。

客廳與飯廳

翻修重點

1. 改造成開放式空間，省下了隔間牆與門窗的花費。
2. 最小限度的固定式家具。活用造型符合喜好的活動式家具。

◀右側後方地板顏色不同的區塊原本是和室。和室擋住一半面向陽臺的大窗戶，令人覺得可惜。

▲地板使用的老松木材經過「浮造工法」（按：一種修整木材表面的質地，賦予該木材更高價值的技術）處理，觸感比一般實木還要清爽，很適合打赤腳過生活。由於 S 先生喜歡露營，所以便睡在吊床上。

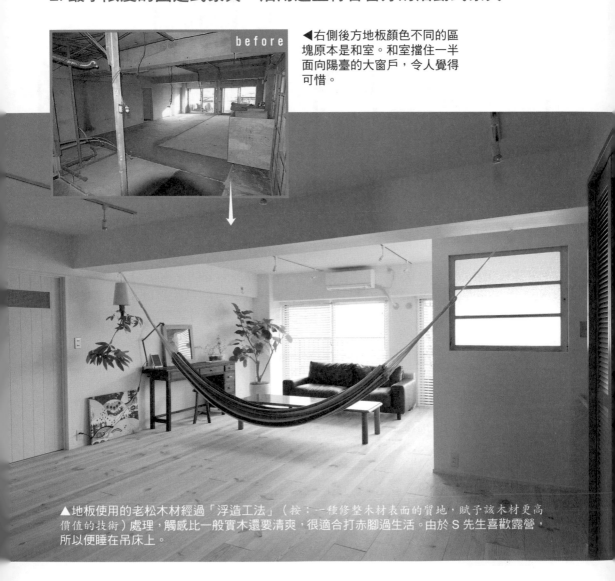

▶以前窗邊有 3 坪及 2.25 坪的和室 。拆掉牆壁恢復毛胚屋狀態後，S 夫婦才發現原來空間這麼寬敞。

▼窗邊地板架高處鋪設了榻榻米，其下方是收納空間。「這種雜物間能收納大型物品，非常好用。」通往玄關門廊的牆面上，設有 3 座並排衣櫃，全家人的衣物都放在此處。整間住宅只有這裡特別上色，讓空間看起來沒那麼單調。

▲地板架高處的室內窗，帶有中古窗特有的風情，相當迷人。這扇窗能攬入旁邊工作區的光線。

▲從廚房到地板架高處，都可以視為一個空間，想待在哪個位置・就待在那裡。「孩子們會跑來跑去，所以我們把預算都花在地板隔音上。」

▼將雪白色的寬敞牆面當成畫布，演繹出溫馨的氛圍。桌子是買二手的，較淺的桌面很適合陳列物品。

廚房

｜翻修重點｜

廚房與洗手區並排，讓家事變得輕鬆。

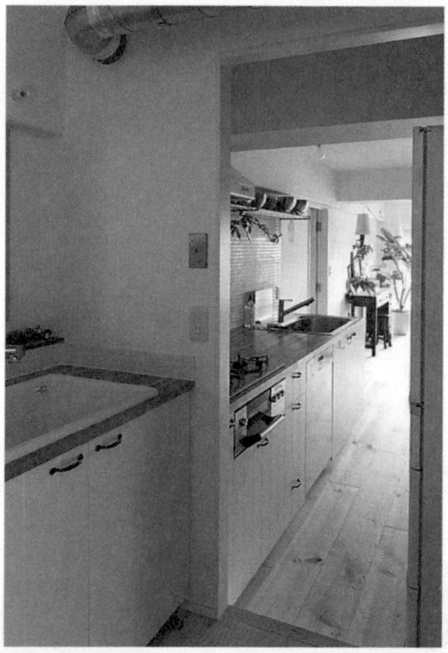

▶原本不好進出的廚房與洗手區，改配置在同一直線上，方便同時進行不同的家事，省下門板也讓出入更輕鬆。

▼為了早晚都方便全家人一起使用，洗手區裝設了兩座洗臉盆，是「TOTO」的實驗用流理檯。浴櫃則選擇了與廚房相同的設計。

▲業者當初提出面對面式廚房方案，但 S 先生最後選擇了首重寬敞度的靠牆一字型廚房。

小孩房

| 翻修重點 |

用價格親民的家具取代隔間牆，切割出各自的區塊。

▼高架床下方可放書桌。S 夫婦說：「因沒辦法一人一間房，所以藉此分配各自的地盤。未來也會讓孩子自己決定床鋪的配置。」

玄關

| 翻修重點 |

以便宜的市售家具，代替量身打造的鞋櫃。

▶玄關門廊最引人注目的，就是在「JOURNAL STANDARD FURNITURE」購買的金屬櫃。上方是家庭成員名字的羅馬拼音字首。

衛浴

▲廁所位置不變，但光是換了手把與鎖，就散發出不造作的復古風情。此外，馬桶也換成省空間的無水箱馬桶。

▲玄關門廊－洗手區－廚房－LD，是一個環狀動線，中間沒有任何阻礙，可以防止家庭成員在移動時卡在同個空間。

PART 3

後悔、爭執、妥協，都是必經過程

等開工了，才在想「早知道……」

我遇到的業者不夠了解符合現場狀況的施工方法，結果產生許多必須解決的問題與時間限制，對方甚至沒確認清楚就一直進行下去。這讓我下定決心，之後翻修時要找值得信賴且技術扎實的業者。

——神奈川縣，六十多歲，獨棟

我住的公寓有詳細的翻修規約，但我買房時沒確認清楚，導致後來翻修時，無法實現我心中的理想格局。

——長野縣，三十多歲，公寓

雖然業者願意聆聽我的想法，但他們身為專業人士卻沒提出任何方案，或針對我的想法給予建議……雖然翻修後沒什麼不方便的地方，但總覺得有些不足。

——兵庫縣，三十多歲，獨棟

太早和業者簽約，導致外觀裝修費用超出預期，又沒辦法壓低價錢，我很後悔沒先查清楚翻修方法與建材資訊。

——三重縣，六十多歲，獨棟

委託的業者經常沒辦法清楚回答我和家人的疑問，或是我們表達期望時，他總說「辦不到」。希望業者應對時能更有誠意，就算得多花時間確認也沒關係。

——東京，五十多歲，獨棟

雖然業者在諮詢時很認真聽我們的想法，但進入報價階段後，卻突然建議要設置能大量收納的空間，還說無法做出我們想要的房間樣子。說法前後不一，讓人忍不住心生懷疑。

——滋賀縣，五十多歲，獨棟

委託的業者是丈夫的朋友。原以為既然是意氣相投的熟人，過程理應很順利，結果反而難以表達意見。

——愛知縣，六十多歲，公寓

我每天早上看見昏暗的客廳，都覺得後悔。早知道當初不要只讓丈夫做決定，自己也該確實的表達想法。

——滋賀縣，五十多歲，獨棟

費用比預算多了五百萬日圓（約新臺幣一百一十萬元），但到現在我仍搞不清楚到底是什麼原因造成費用變高。早知道要先問清楚、搞懂報價單。

——京都，四十多歲，獨棟

我家附近很多人亂丟垃圾，附近的公園晚上也會有年輕人聚集喧鬧，真讓人困擾……如果我之後要買房子，除了確

認房子本身狀況，也會留意周邊環境與治安。

——長崎縣，四十多歲，獨棟

幸好我做到這件事！

我請當初蓋房子的營造廠幫我翻修，因為對方非常了解格局，因此討論起來很順利，也確實按照期望完成了。

——大阪，三十多歲，獨棟

除了參觀施工業者翻修過的物件外，我去了好幾次展示中心，確認廚衛設備與建材並仔細諮詢，因此在預算內找到了功能與造型都很符合需求的設備。

——石川縣，四十多歲，公寓

我先決定好要委託的業者，選購房子時也請建築師與工程行的人來看。所以像是地板下方、屋頂內側結構、設備狀態……這些外行人看不懂的地方，都有專家幫我確認。

——宮城縣，二十多歲，獨棟

預算、時間、格局限制……我該堅持還是退讓？

我原本打算翻修住家，但想到孩子還小，就決定延後翻修計畫。結果住進去後反而很難決定翻修時間。

——千葉縣，三十多歲，公寓

我想變更門板的造型，結果因為門的規格特殊，想換新的就得訂做，價格比預想的還高，只好選擇放棄。

——千葉縣，三十多歲，公寓

原本想要翻修廚房，卻因為太貴了，最後只換掉瓦斯爐和水龍頭而已。

——大阪，三十多歲，公寓

我原本想要壁掛式馬桶，卻因為廁所太狹窄而無法如願。

——埼玉縣，六十多歲，公寓

我本想連庭院一起翻修，但光是改住宅本身就耗費大把時間與金錢，只好放棄。現在來看，也許是一開始的預算規畫就有問題。

——神奈川縣，六十多歲，獨棟

等到翻修時，我才發現我住的公寓不能更動廚衛空間的位置，所以只更換廚衛設備。住家沒辦法改成想要的格局，真的很可惜……。

——福島縣，四十多歲，公寓

我想使用自然素材，雖然需要花較多錢，但我在設計方面稍微妥協，所以整體開銷才沒超過預算。

——群馬縣，五十多歲，獨棟

我一開始先按照理想選擇建材，結果業者報價很高，所以就換成比較便宜的建材了。如果一開始就適度搭配便宜的建材，就不用像這樣多耗心力確認材料。

——東京，三十多歲，公寓

翻修當下會有的困擾

翻修過程中，要另找地方暫住。為了降低支出而租小房間，結果家當塞滿整個空間，讓人覺得窒息。再加上工期比預計還要久，壓力越來越重了！

——奈良縣，四十多歲，獨棟

師傅們會進來居住的家中，所以翻修時不能離開家裡。

——長野縣，五十多歲，獨棟

裝修住宅時，我們是邊住邊動工，所以無法隨心所欲生活。必須和業者確認行程，確實的表達出自身需求，整體過程比想像中還麻煩。不過施工進度到房間時，找到了之前找不到或遺忘的東西，算是意外的驚喜。

——神奈川縣，六十多歲，獨棟

重新鋪設地板的期間，必須經常挪動家中物品，讓我累壞了。

——北海道，五十多歲，獨棟

儘管確實做好保護工程，門也緊緊關上，粉塵仍入侵整棟住宅，不只令人傷透腦筋，打掃也很辛苦。

——東京，三十多歲，公寓

施工過程總會碰到突發狀況

這次動工內容是全面電氣化，儘管事前已經說清楚狀況了，業者仍在途中表示要做電力容量變更工程。結果工期延宕、費用超出預算，讓我沒辦法那麼相信業者了。

——東京，五十多歲，獨棟

業者擅自貼廁所壁紙、裝設毛巾架。但因我家不需要，所以為了拆除壁紙和毛巾架，又多花一天。我這時才知道，即使委託一間公司，也會因為分工導致溝通出問題。若業務人員在施工期間能常來監工就好了。

——埼玉縣，六十多歲，公寓

因為鄰居抱怨，讓工程延遲一個月。當時的我們不知

道該怎麼應對這種情況，最後業者替我們登門道歉及商量。

——滋賀縣，五十多歲，獨棟

有很多事情等開始動工才知道，當時不只無法如期施工，連工期也不斷延長。我當時總覺得「自己是外行人」，遇到不如預期或與計畫不同的事，很難與業者溝通清楚。

——神奈川縣，六十多歲，獨棟

我家曾翻修屋頂與外牆。雖然室內生活如常，但在兩個月工期中，我們卻為了停車傷透腦筋。附近的停車場很貴，所以我在離家徒步十五分鐘的便宜停車場租車位，可是因為太遠，所以很不方便。碰到下雨天提東西回家有如艱難的挑戰。

——栃木縣，四十多歲，公寓

動工後才發現有白蟻，必須找驅蟲業者來處理。

——神奈川縣，六十多歲，獨棟

我原本想去除浴室地面的高低差，直到整體衛浴都擺進去後，才發現業者計算錯誤，導致浴室地面仍存在高低差。

由於翻修工程的監工是丈夫的朋友，所以丈夫對他說：「算了，沒關係。」明明對方報價沒有比較便宜，我卻因為丈夫的關係，無法要求對方重新處理，因此與丈夫起爭執。

——愛知縣，六十多歲，公寓

在二樓新增廁所後，竟有一部分管線影響一樓玄關，導致鞋櫃門只能開一半，很不方便。

——長野縣，五十多歲，獨棟

我家隔壁是一棟公寓，師傅們把車停在那邊，就被那邊的房東罵了。

——長野縣，五十多歲，獨棟

家人間的爭執，也會影響裝修

家人始終決定不了壁紙的顏色，經反覆討論後，考量到要長久使用，所以選擇不易髒但是很普通的款式……我到現在還是很難接受家人的選擇。

——富山縣，四十多歲，公寓

我和丈夫對外牆設計意見出現分歧。結果他說：「出錢的是我！」就無視我的想法自行定案。

——千葉縣，五十多歲，獨棟

我跟丈夫為了要瓦斯爐還是ＩＨ爐吵架，過了一週後，結果是丈夫妥協。

——東京，三十多歲，公寓

委託丈夫認識的業者來翻修住家。丈夫卻無視我的想法，業者怎麼說，他就讓對方怎麼做，這讓我感到很不滿。

——大阪，四十多歲，公寓

裝修後的房子，實際住起來跟想像一樣嗎？

我家翻修了廚房，而且選的都是喜歡的款式，完美呈現我心中的理想空間。廚房變得更好用，連帶縮短做家事的時間，我煮飯做菜時也更有幹勁。家人也很開心。

——埼玉縣，三十多歲，公寓

不但成功打造出理想的格局，也確認了平常看不到的結構內部狀態，後續也住得更加安心，真是太好了。

——東京，五十多歲，獨棟

入住後，我非常慶幸當初決定要做地

暖設備與雙層窗，這些都是上一間房子沒有的。少了結露的房子，住起來非常舒適。

——千葉縣，三十多歲，公寓

我想要木質露臺，但做了才發現比預期大太多了，再加上平常很少使用，所以幾年後就又拆掉了。

——山梨縣，五十多歲，獨棟

我為了愛犬把地板換成不會滑倒的材質，結果牠還是不斷的滑倒。我這時才知道，原來光摸樣品無法正確判斷，要是當初我能帶愛犬去展示中心，實際走走看就好了。

——東京，六十多歲，獨棟

我花了很多心思裝修浴室，除了裝設暖氣與換氣設備，讓全家人在夏季與冬季都能舒服的洗澡，也留意內裝溝槽狀況，選擇排水孔時，以能輕易清除毛髮或雜質的規格為主，打掃起來輕鬆多了，大幅降低生活壓力。

——新潟縣，四十多歲，獨棟

客廳變得寬敞而舒適，很方便約朋友來玩。

——東京，三十多歲，公寓

雖然業者說換新浴室比較不容易發霉，但實際上並非如此……我甚至認為翻修前或許還比較好。早知道多向業者提問、確認，而不是一味接受對方的建議。

——滋賀縣，三十多歲，獨棟

廚房比想像的還要暗。我本希望太陽光線能自然的灑入廚房，但業者沒實現我的需求。

——兵庫縣，三十多歲，獨棟

電動升降櫃真的很方便。我很慶幸當時有狠下心來買這個設備（按：電動升降櫃依規格而有不同價格，費用大致落在新臺幣數萬元至十幾萬元）。

——兵庫縣，六十多歲，獨棟

鋪設實木地板後，即使是下雨天，地板也很清爽舒適。

——神奈川縣，四十多歲，獨棟

我在廁所設置架子擺放花瓶，雖然只是小事情，但這些小巧思，能讓我生活得更開心。

——埼玉縣，六十多歲，公寓

食品儲藏間加裝可換高度的架子，可改成二十、三十、四十公分，每一段都很好用。

——滋賀縣，六十多歲，獨棟

朋友家挖開牆壁設置書架，我覺得看起來很美，所以我試著挖開我家樓梯旁的牆壁設置書架，效果超乎期待。

——長野縣，五十多歲，獨棟

「裝修前輩」告訴你，一定要注意的事

有問題就問清楚，不滿意業者的回答時，可以考慮換一家。

——兵庫縣，六十多歲，獨棟

最好找不同業者拿報價單來比價，比價時要和家人仔細商量。

——滋賀縣，五十多歲，獨棟

要花時間慢慢了解，操之過急沒有任何好處。

——滋賀縣，六十多歲，獨棟

總之存到超過一千萬日圓（約新臺幣兩百一十八萬元）再來翻修！開始翻修之後會多很多在意的事情，結果肯定會超出預算。

——東京，五十多歲，獨棟

翻修時做好結露、隔音、隔熱與氣密等相關對策，住起來會舒適許多。雖然漂亮的設計很重要，但還是建議以機能方面為最優先。

——千葉縣，三十多歲，公寓

即使預算有限，仍須搞清楚自己的需求。並盡可能吸收新工法與建材的知識、資訊，藉此找到好的施工業者，要是能找到對當地狀況、氣候等都很了解的人，翻修肯定會符合期待。

——神奈川縣，六十多歲，獨棟

雖然和業者邊討論邊想像格局並沒有問題，但事前和家人一起看雜誌或影片，先想清楚自家對翻修的想像和需求，選擇建材時比較不會迷惘或是出錯。

——東京，三十多歲，公寓

和鄰居打招呼

與管委會的交涉以及貼公告等，都交給業者處理。

——千葉縣，三十多歲，公寓

施工前，要先聯絡大樓的管委會。然後帶著伴手禮，找左右鄰居及樓上、樓下的住戶打招呼。

——大阪，三十多歲，公寓

提前通知社區鄰居要裝修住家並送毛巾，再加上我平常碰到他們都會打招呼，所以成功獲得對方的體諒，並未收到抱怨。

——東京，三十多歲，公寓

因為我住在大廈，所以工程車的停車等問題委由管理員處理。在電梯遇到其他住戶時，肯定會說聲不好意思。

——愛知縣，六十多歲，大廈

我住的公寓其中一戶正在全面翻修房子。業者只在左鄰右舍的信箱放一條毛巾當禮物，屋主一家則暫時住到別的地方。我習慣一早起來工作，過午後會在沙發上小睡，但自從業者開始施工後，會突然發出很大的鑽牆聲，不管在工作還是睡覺，都被嚇到好幾次。希望他們早日完工的同時，我也開始思考，當自家要翻修時該怎麼處理。

——兵庫縣，五十多歲，公寓

翻修後才知道的事

幸好完工後我有仔細檢查，因為貼壁紙的方式等細節，業者都有缺失。

——千葉縣，三十多歲，公寓

增建後，自行設置波浪板屋頂的空間與溫室，都被列入室內空間計算，導致稅金提升。

——長野縣，五十多歲，獨棟

Style 080

裝修與翻修最煩惱的 94 問

70% 的人都曾動過裝修念頭，卻卡在預算、施工品質而作罷，本書讓你不只是再想想。

編　　集／主婦之友社
Illustrator ／ Yo Hosoyamada（細山田 曜）
Drawing & Tracer ／長岡伸行
譯　　者／黃筱涵
責任編輯／陳竑悳
校對編輯／宋方儀
美術編輯／林彥君
副總編輯／顏惠君
總 編 輯／吳依瑋
發 行 人／徐仲秋
會計助理／李秀娟
會　　計／許鳳雪
版權主任／劉宗德
版權經理／郝麗珍
行銷企劃／徐千晴
業務專員／馬絮盈、留婉茹、邱宜婷
業務經理／林裕安
總 經 理／陳絜吾

國家圖書館出版品預行編目（CIP）資料

裝修與翻修最煩惱的 94 問：70% 的人都曾動過裝修念頭，卻卡在預算、施工品質而作罷，本書讓你不只是再想想。／主婦之友社編集；黃筱涵譯 .-- 初版 .-- 臺北市：大是文化有限公司 ,2023.12
368 面；17×23 公分 .--（Style；80）
譯自：リノベとリフォームの知りたかったこと !100 の疑問に答えます。
ISBN 978-626-7377-09-3（平裝）

1.CST：房屋　2.CST：室內設計
3.CST：建築物維修　4.CST：問題集

422.9　　112016125

出 版 者／大是文化有限公司
臺北市 100 衡陽路 7 號 8 樓
編輯部電話：（02）23757911
購書相關諮詢請洽：（02）23757911 分機 122
24 小時讀者服務傳真：（02）23756999
讀者服務 E-mail：dscsms28@gmail.com
郵政劃撥帳號：19983366　戶名：大是文化有限公司

法律顧問／永然聯合法律事務所
香港發行／豐達出版發行有限公司 Rich Publishing & Distribution Ltd
地址：香港柴灣永泰道 70 號柴灣工業城第 2 期 1805 室
Unit 1805, Ph. 2, Chai Wan Ind City, 70 Wing Tai Rd, Chai Wan, Hong Kong
電話：2172-6513　傳真：2172-4355　E-mail：cary@subseasy.com.hk

封面設計及內頁排版／林雯瑛
印　　刷／鴻霖印刷傳媒股份有限公司
出版日期／2023 年 12 月初版
定　　價／560 元（缺頁或裝訂錯誤的書，請寄回更換）
I S B N ／ 978-626-7377-09-3
電子書 I S B N ／ 9786267377130（PDF）　9786267377147（EPUB）
Printed in Taiwan